Michael Glaß
Daniel Bohle

HALTUNGSGRUNDLAGEN
DER KORNNATTER

Schlupf einer Kornnatter
Pantherophis guttatus

Glaß, Michael / Bohle, Daniel:
HALTUNGSGRUNDLAGEN DER KORNNATTER
Meckenheim: VIVARIA Verlag 2020
ISBN 978-3-9813176-5-7

Layout und Satz: Oliver Drewes, 53340 Meckenheim
Illustration: Vogelsang Werbegrafik, 53127 Bonn
Lektorat: wort & text, 50374 Erftstadt
Druck: Finidr, Tschechische Republik

Verlag für Heimtierliteratur
www.vivaria-verlag.de

VORWORT

Die Kornnatter ist wegen ihres ruhigen Wesens, ihrer verhältnismäßig geringen Haltungsansprüche sowie ihrer Vielzahl an Farb- und Zeichnungsvarianten eine der populärsten Terrarienpfleglinge überhaupt. Sie ist zudem leicht zu vermehren, was es dem interessierten Halter erlaubt, alle Aspekte ihrer Haltung von der Aufzucht bis zur Fortpflanzung erleben zu können.

Das vorliegende Buch ist eine überarbeitete Auskopplung des nicht mehr wieder aufgelegten Titels „Kornnattern und ihre Farb- und Zeichnungsvarianten" von Michael Glaß. Daniel Bohle, der bereits für diesen Titel als Fotograf tätig war, hat sich in diesem Buch darüber hinaus auch inhaltlich mit als Autor engagiert. Nach erfolgreichem Ausverkauf wurden für die zweite Auflage nur geringfügige Aktualisierung vorgenommen.

Der Fokus des Buches „Haltungsgrundlagen der Kornnatter" liegt auf einer möglichst kompakten Darstellung der Kornnatter als Terrarienpflegling und beschäftigt sich nur am Rande mit Grundlagen ihrer Morphologie, Taxonomie und ihrem natürlichen Lebensraum. Vielmehr stehen Themen wie Anschaffung, Verhalten im Terrarium, Terrarieneinrichtung und -technik, Ernährung, sowie Pflege und Vermehrung im Vordergrund. Gerade weil die Kornnatter häufig – zum Teil auch zu Unrecht – als reine Anfängerschlange dargestellt wird, versuchen wir dem Leser in diesem Buch, die wichtigsten Eckpfeiler einer erfolgreichen Terrarienhaltung und -zucht näherzubringen, mit denen wir über viele Jahre der Haltung und Generationen von Kornnattern positive Erfahrungen machen und haltungsbedingte Krankheiten vermeiden konnten.

Ergänzt wird dieses Buch mit unserem ebenfalls im VIVARIA Verlag erschienenen, aufwändig bebilderten Titel „Farb- und Zeichnungsvarianten der Kornnatter" (ISBN 978-3-9813176-6-4). Dieser richtet sich an den fortgeschrittenen Halter und professionellen Züchter, aber auch an den an Zuchtformen interessierten Halter. Intensiv wird in diesem Ergänzungsbuch auf die Auswahlzucht und die Vererbungslehre der Kornnatter eingegangen.

Bibertal & Berlin, im Juli 2020
Michael Glaß & Daniel Bohle

INHALTSVERZEICHNIS

VERMEHRUNG 40

VERZEICHNISSE 52

Junge **Abbott Okeetee**

Die Kornnatter

Die Kornnatter wurde bereits 1776 durch Carl von LINNÉ als *Coluber guttatus* beschrieben. Später gliederte sich die Kornnatter in die Gattung *Elaphe* ein. Am Ende des 20. Jahrhunderts betrachtete man alle Kornnattern meist als eine Art (*Elaphe guttata*) und unterschied vier Unterarten: Die Kornnatter *E. guttata guttata*, die Nördliche Präriekornnatter *E. guttata emoryi*, die Key-Kornnatter *E. guttata rosacea* und die Südliche Präriekornnatter *E. guttata meahllmorum* (SCHMIDT 2000). Teilweise wurde eine isolierte Population der Nördlichen Präriekornnatter aus Colorado und Utah als eine fünfte Unterart *E. guttata intermontana* angesehen. Obwohl sie sich in ihrem Aussehen deutlich von den übrigen *E. guttata emoryi* abheben, konnte sich diese Einteilung jedoch nicht durchsetzen.

Seit dem Jahre 2002 gliedert sich die Kornnatter in drei Arten: die Kornnatter *Pantherophis guttatus*, die Präriekornnatter *Pantherophis emoryi* sowie Slowinskis Kornnatter *Pantherophis slowinskii* (BURBRINK 2002). Die verbleibenden ehemaligen Unterarten werden nur noch als Lokalvarianten angesehen.

Die Herkunft der Bezeichnung Kornnatter ist nicht genau geklärt: Eine Begründung könnte das schachbrettartige Muster auf der Bauchseite der Tiere sein, das an den bunten Indianermais (engl.: Indian corn) erinnern mag. Eine andere Möglichkeit ist ihr häufiger Aufenthalt in und um Getreide- und Maissilos, wo sich die Kornnatter auf die Jagd nach den dort häufigen Nagetieren macht.

Dieses Buch bezieht sich hauptsächlich auf die Kornnatter *P. guttatus*, da sie zahlenmäßig den größten Teil der im Terrarium gehaltenen und gezüchteten Kornnattern ausmacht. In ihrer grundsätzlichen Haltung, Pflege und Zucht unterscheidet sie sich nicht oder kaum von *P. emoryi* und *P. slowinskii*, weshalb eine Unterscheidung wenig sinnvoll wäre und den Rahmen dieses Buches sprengen würde.

Pantherophis guttatus

Die Jungtierfärbung von *P. guttatus* unterscheidet sich noch stark von der adulter Tiere.

Eine adulte, sehr prächtig gefärbte Kornnatter *Pantherophis guttatus*.

Diese *Pantherophis emoryi* zeigt die für ihn typische hohe Anzahl an Sattelflecken und eine leicht veränderte Seitenzeichnung.

Die Farben, die aufgelöste Seitenzeichnung und die Kopfform unterscheiden diese junge Präriekornnatter deutlich von der Kornnatter.

Pantherophis slowinskii wird nur selten im Terrarium gehalten und meist unter dem Namen Kisatchie Kornnatter geführt.

Diese adulte Präriekornnatter (*Pantherophis emoryi*) wäre früher als fünfte Unterart *Elaphe guttata intermontana* geführt worden.

Dieses Tier, von Wildfängen aus dem Okeetee Hunt Club abstammend, unterscheidet sich farblich von der Nominatform.

Auffällig gegenüber anderen Fundorten sind bei der Okeetee das dunklere Rot in den Sattelflecken und im Hintergrund sowie die breiteren Ränder.

Familie & Gattung

Zur exakten Identifizierung aller Lebewesen dient die Taxonomie, ein Teilgebiet der Systematik, das sich mit der wissenschaftlichen Benennung (Nomenklatur) und mit den Prinzipien der Klassifikation der Organismen beschäftigt. So unterscheidet man Klassen, Ordnungen, Familien, Gattungen und Arten. Innerhalb der Klasse der Reptilien (Reptilia) und der Unterordnung der Schlangen (Serpentes) gehört die Kornnatter in die Familie der Echten Nattern (Colubridae). Diese Familie stellt mit mehr als 1.750 Arten die artenreichste Familie der Schlangen dar (REPTILE-DATABASE 2012). Die Angehörigen dieser Familie sind dabei recht verschieden. Ihre Länge reicht von gerade 20 cm bis über 4 m. Es gibt tag- wie nachtaktive, boden- wie baumbewohnende Vertreter, die mit Ausnahme der Antarktis alle Kontinente und nahezu alle Lebensräume von trockensten Gebieten bis hin zu Flussläufen besiedeln. Viele von ihnen besitzen kein Gift und sind für den Menschen ungefährlich. Es gibt unter ihnen jedoch auch einige giftige Vertreter. Die Kornnatter gehörte ehemals der Gattung der Kletternattern Elaphe an, weshalb man auch heute noch des Öfteren auf ihre alte Bezeichnung *Elaphe guttata* stößt (SCHULZ 1996). Typischerweise handelt es sich bei Kletternattern um dämmerungs- und nachtaktive, mittelgroße Tiere mit runden Pupillen. 2002 wurde die Gattung Elaphe durch UTIGER et al. neu geordnet und die Kornnatter in die Gattung der Nordamerikanischen Kletternattern Pantherophis eingegliedert. Nach BURBRINK (2002) besteht der *P. guttatus*-Komplex aus den neu definierten Arten *P. guttatus* (Kornnatter), *P. emoryi* (Präriekornnatter) und *P. slowinskii* (Slowinskis Kornnatter). Der Name Pantherophis setzt sich aus „panthera" = Panther und „ophis" = Schlange zusammen, die ehemaligen Kletternattern wurden also zu „Pantherschlangen" (KÖHLER & BERG 2005). Auf Basis genetischer Analysen verschoben BURBRINK & LAWSON (2007) die Kornnattern zwischenzeitlich in die Gattung *Pituophis*. COLLINS & TAGGART (2008) sowie, basierend auf detaillierteren genetische Analysen, auch PYRON & BURBRINK (2009) ordnen die Arten der Kornnatter jedoch wieder der Gattung *Pantherophis* zu.

Verbreitung & Lebensraum

Das Verbreitungsgebiet der drei Kornnatter-Arten erstreckt sich vom Südosten und Zentrum der USA bis in den Nordosten Mexikos. Die Kornnatter (*Pantherophis guttatus*) besiedelt hierbei den Osten und Südosten der USA, inklusive der Florida Keys, einer kleinen Inselgruppe vor Florida. Sie bewohnt sowohl trockene Laub- und Kiefernwälder als auch feuchte und warmtemperierte Wälder, wie sie beispielsweise auf den Keys zu finden sind. Die Präriekornnatter (*Pantherophis emoryi*) ist im westlichen Mississippi und Missouri sowie vom Zentrum der USA bis hinunter in den Nordosten Mexikos verbreitet. Sie bewohnt vornehmlich felsige und trockene Busch- und Graslandschaften. Slowinskis Kornnatter (*Pantherophis slowinskii*) hat ein Verbreitungsgebiet, das sich über Louisiana und das östliche Texas erstreckt. Dort ist sie sehr häufig in Kiefern- und Eichenwäldern zu finden. Ihr großes Verbreitungsgebiet zeigt die starke Anpassungsfähigkeit der Kornnattern. Häufig begegnet man ihnen auch in der Nähe menschlicher Siedlungen, die sie sich als Jagd- und Lebensraum erschlossen haben.

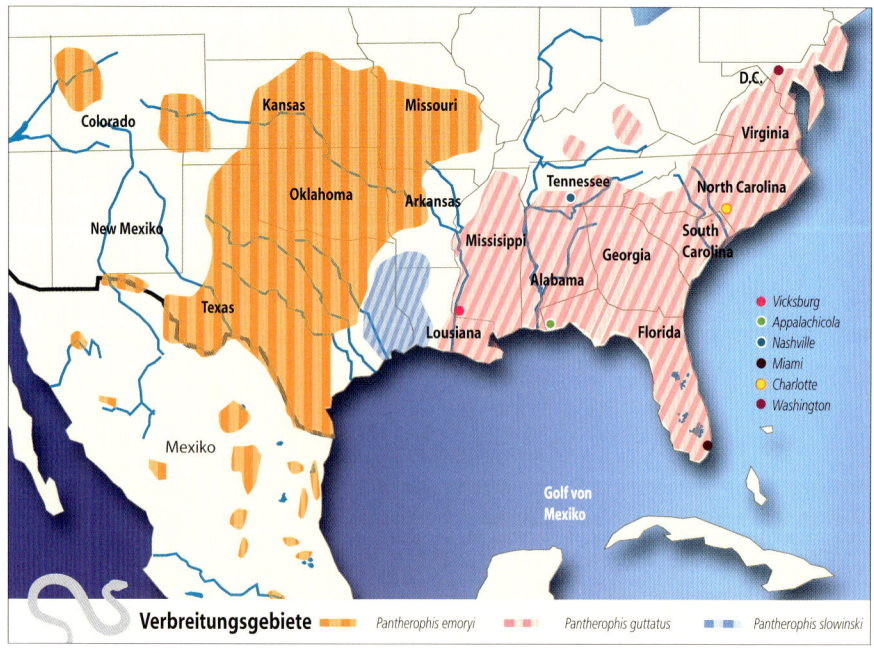

Verbreitungsgebiete ▬ *Pantherophis emoryi* ▪ ▪ *Pantherophis guttatus* ▪ ▪ *Pantherophis slowinski*

MITTLERE TEMPERATUR IN °C

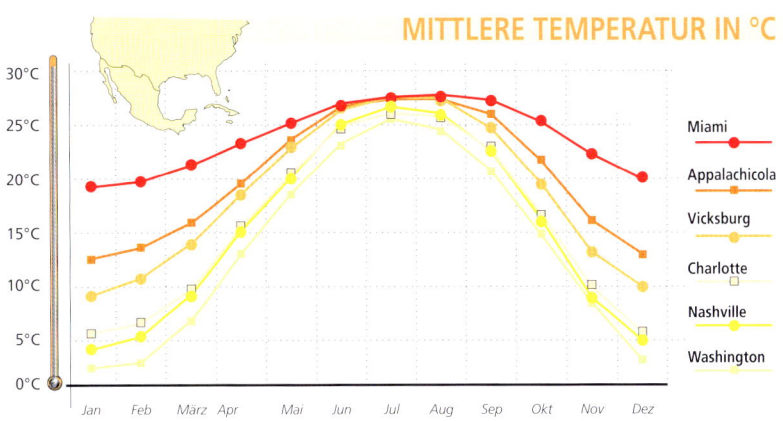

30°C
25°C
20°C
15°C
10°C
5°C
0°C

Jan Feb März Apr Mai Jun Jul Aug Sep Okt Nov Dez

Miami
Appalachicola
Vicksburg
Charlotte
Nashville
Washington

MITTLERE RELATIVE FEUCHTIGKEIT IN %

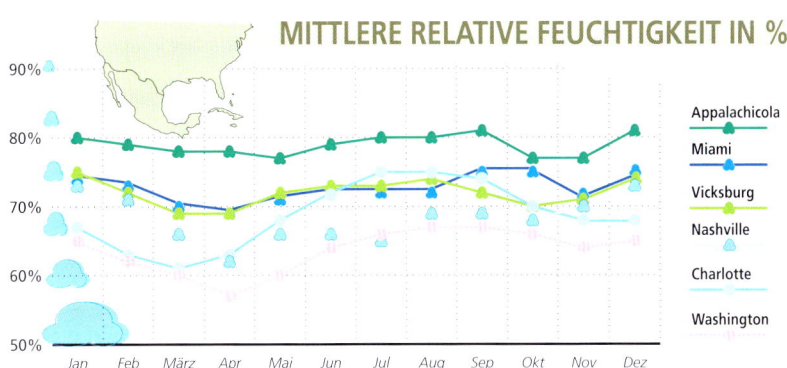

90%
80%
70%
60%
50%

Jan Feb März Apr Mai Jun Jul Aug Sep Okt Nov Dez

Appalachicola
Miami
Vicksburg
Nashville
Charlotte
Washington

MITTLERER NIEDERSCHLAG IN MM

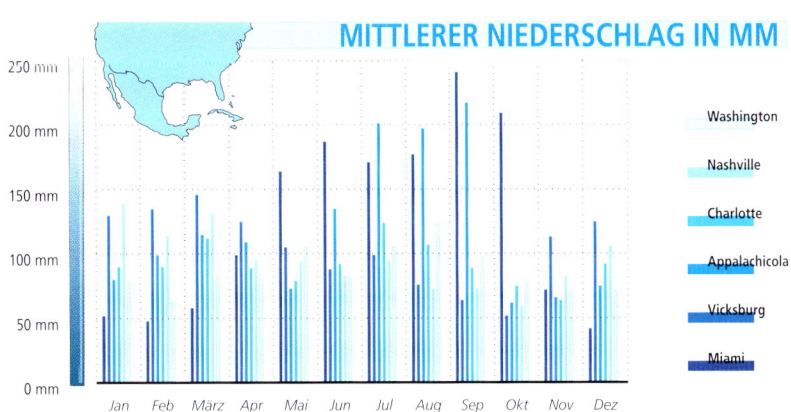

250 mm
200 mm
150 mm
100 mm
50 mm
0 mm

Jan Feb März Apr Mai Jun Jul Aug Sep Okt Nov Dez

Washington
Nashville
Charlotte
Appalachicola
Vicksburg
Miami

Auswahl

Hat man sich für die Anschaffung einer Kornnatter entschieden, so sollten vor der eigentlichen Auswahl eines Tieres weitere grundlegende Entscheidungen getroffen werden: Welches Geschlecht soll das Tier haben? Welche Farb- oder Zeichnungsvariante soll es sein? Soll es ein Jungtier oder doch eine adulte Schlange sein? Eine Jungschlange bietet den Vorteil, dass man das Tier aufwachsen sieht. Auf der anderen Seite kann es dabei aber auch zu Komplikationen kommen. Bei adulten Tieren gestaltet sich die Pflege unproblematischer. Weiterhin kann man schneller Erfahrungen auf dem Gebiet der Nachzucht sammeln.

Wann immer möglich, sollte man sich zunächst mit den bisherigen Haltungsbedingungen des zu erwerbenden Tieres vertraut machen: Sind die Terrarien sauber und gepflegt? Ist der Kot der Tiere geformt? Befinden sich keine augenscheinlich kranken Tiere im Bestand? Können all diese Fragen mit „Ja" beantwortet werden, sollte man den Zustand des zu erwerbenden Tieres selbst beurteilen. Das Tier sollte agil sein, züngeln und sich kraftvoll anfühlen. Erschlaffung kann ein Anzeichen für eine Krankheit sein. Das Schuppenkleid des Tieres sollte glatt und glänzend, die Kloake und das Maul sollten sauber und geschlossen sein. Sofern sich das Tier nicht gerade in der Häutung befindet, sollten seine Augen klar sein. Gibt es die Möglichkeit, das Tier mehrfach zu besichtigen und vielleicht sogar einer Fütterung beizuwohnen, sollte dies genutzt werden. Auf diese Weise kann man sich ebenfalls davon überzeugen, ein futterfestes Tier zu erwerben. Auf den Erwerb nicht futterfester Tiere sollte der Einsteiger unbedingt verzichten. Beim Kauf seltener und teurer Farbvarianten sollte man besondere Vorsicht walten lassen und sich zuvor ausgiebig informieren.

Transport

Der Transport sollte für die Kornnattern immer so stressfrei wie möglich durchgeführt werden. Um stressbedingten Verdauungsproblemen vorzubeugen, sollten die Tiere nicht kurz vor dem Transport gefüttert werden. Für Jungtiere eignen sich vor allem große Heimchendosen oder ähnliche Behältnisse, die mit Luftlöchern versehen werden. Die Behälter sollten mit teilweise leicht angefeuchtetem Küchenpapier ausgepolstert werden. Für ältere Tiere eignen sich auch auf links gedrehte Stoffbeutel. Die Unterbringung erfolgt wenn möglich immer einzeln. Die Transportbehälter müssen gut gegen äußere Einflüsse wie Hitze, Kälte und Zugluft geschützt werden. Hierzu empfehlen sich große Styroporboxen, die eine sehr gute Wärmedämmung gewährleisten, blickdicht sind und mehrere Behälter aufnehmen können. Wenn es die Außentemperaturen erfordern, können diese Boxen auch mit Wärmflaschen oder so genannten Heatpacks entsprechend temperiert werden. Eine Kontrolle der Bedingungen in den Behältern und des Zustandes der Tiere ist hierbei Pflicht und sollte bei längeren Transporten auf jeden Fall mehrmals erfolgen.

Nach dem Neuerwerb eines Tieres stellt sich dem Halter die wichtigste Aufgabe: die Quarantäne.

Während dieser sechswöchigen – besser noch dreimonatigen – Isolierung der Tiere vom restlichen Bestand sind drei wichtige Aufgaben zu erfüllen: Krankheiten erkennen, Ansteckung vermeiden und Ursachen eingrenzen. Die im Folgenden beschriebene Haltung während der Quarantäne soll es dem Halter ermöglichen, Krankheiten und Auffälligkeiten bei den neu erworbenen Tieren so gut wie möglich zu erkennen. Die räumliche Trennung neu erworbener Tiere von Bestandstieren schützt davor, Krankheiten und Parasiten einzuschleppen, die häufig schwer erkennbar und nur unter größtem Aufwand in den Griff zu bekommen sind. Terrrarieneinrichtungen müssten in solch einem Fall entsorgt und die Bestandstiere medizinisch versorgt und entsprechend untergebracht werden. Durch die Trennung ist es weiterhin möglich, Krankheitsursachen besser zu lokalisieren. So sollten auch neu erworbene Tiere unterschiedlicher Herkunft voneinander getrennt in Quarantäne gehalten werden.

Quarantäne

Die Haltung in Quarantäne erfolgt in leicht zu reinigenden und zu desinfizierenden Behältern, die mit Küchenkrepp, Zeitungspapier oder Einstreu als Bodengrund sowie leicht austauschbaren Verstecken versehen sind. Ein auswaschbarer Wassernapf komplettiert die Einrichtung. Für Quarantänetiere und Bestandstiere sollte man nie dieselben Werkzeuge (z. B. Pinzetten oder Löffel zum Entfernen von Kot) verwenden. Auf die Hygiene der Hände ist ebenfalls besonders zu achten, wobei sich bei einem Verdacht auf Krankheiten die Benutzung von Einweghandschuhen sehr empfiehlt. Während der Quarantänephase sollten die Tiere neben einer Untersuchung auf äußere Parasiten durch den Halter ebenfalls auf innere Parasiten und andere Krankheiten hin untersucht werden. Hierzu sendet man mindestens eine Kotprobe, besser – im Abstand von einigen Wochen – zwei bis drei frische Kotproben an ein Labor (siehe „Adressen und Zeitschriften"). Gerade bei Kornnattern sollte ein Labor gewählt werden, das neben Standardverfahren auch spezialisierte Tests auf Kryptosporidien anbietet (siehe „Krankheiten und Verletzungen").

Nach dem Erwerb eines neuen Tieres empfiehlt es sich, mindestens drei, besser sieben Tage mit der ersten Fütterung zu warten und vorher nur den regelmäßigen Wasserwechsel durchzuführen. Da sich das Tier in der Quarantänephase bereits etwas in die neue Umgebung eingewöhnen konnte, verläuft die spätere Eingliederung in den Bestand meist problemlos. Trotzdem sollten Tiere vor allem dann beobachtet werden, wenn sie in eine neue Gruppe eingesetzt werden. Grundsätzlich sollte man von der gemeinsamen Haltung mehrerer Männchen Abstand nehmen und die Tiere vor allem im Frühjahr und im Sommer bei gemischtgeschlechtlicher Gruppenhaltung einige Tage beobachten (siehe „Vermehrung"). Abgesehen von einem anfänglichen Zucken der Tiere bei der Berührung eines neuen Mitbewohners gibt es kaum Komplikationen bei der Eingewöhnung von Kornnattern in eine neue Gruppe.

Die **Okeetee** entstand durch eine Auswahlzucht auf Basis einer natürlich vorkommenden, farbintensiven Lokalform.

Allgemeine Morphologie

Kornnattern erreichen im Normalfall eine Gesamtlänge von 90 bis 130 cm. Die längste jemals dokumentierte Kornnatter soll 189,2 cm (TRUTNAU 2002) gemessen haben. Bei guter Pflege können Kornnattern über 20 Jahre alt werden (TRUTNAU 2002). Wie alle Schlangen hat die Kornnatter einen lang gestreckten Körper ohne Gliedmaßen. Sie wirkt allgemein schlank, ihr Kopf ist schmal und nur wenig vom Körper abgesetzt.

Besonders auffällig ist die Zeichnung der Kornnatter: Auf dem Kopf befindet sich in der Regel ein spitz zulaufendes, symmetrisches Muster. Ihre Rückenzeichnung (dorsal) besteht aus großen, schwarz umrandeten Sattelflecken, die meist die Form von abgerundeten Rechtecken besitzen. An der Seite (lateral) finden sich ähnliche Flecke, die eher senkrecht ausgerichtet sind. *P. guttatus* zeigt rote Sattelflecke auf gelbem bis orangefarbenem Grund. *P. emoryi* hat mehr und auch kleinere, dunkelbraune Sattelflecke auf einem grauen Untergrund. *P. slowinskii* liegt farblich zwischen den beiden bereits genannten Arten: In der Form ihrer Sattelflecke erinnert sie mehr an *P. guttatus*, in den Farben mehr an *P. emoryi*. Die Bauchseite der Kornnatter ist weiß mit schwarzen Rechtecken und erinnert an ein Schachbrett. Bei *P. emoryi* sind die Rechtecke meist abgerundet.

Die Haut von Schlangen besteht aus Schuppen. Diese fühlen sich trocken und keineswegs – wie von vielen Menschen irrtümlich angenommen – feucht oder glitschig an. Der Kopf der Kornnatter ist mit neun symmetrisch angeordneten, großen Schuppen bedeckt. Die Körperoberseite bedecken dachziegelartig angeordnete, leicht gekielte Schuppen. Die Bauchseite ist von großen, quer verlaufenden und an den Seiten leicht nach oben gebogenen Schuppen bedeckt. An der Seite besitzen diese so genannten Bauchschilde einen Längskiel, der den Tieren als Kletterhilfe dient (SCHMIDT 2000). So können Kornnattern auch an fast senkrechten Flächen nach oben klettern und sind in heimischen Terrarien wahre Ausbruchskünstler.

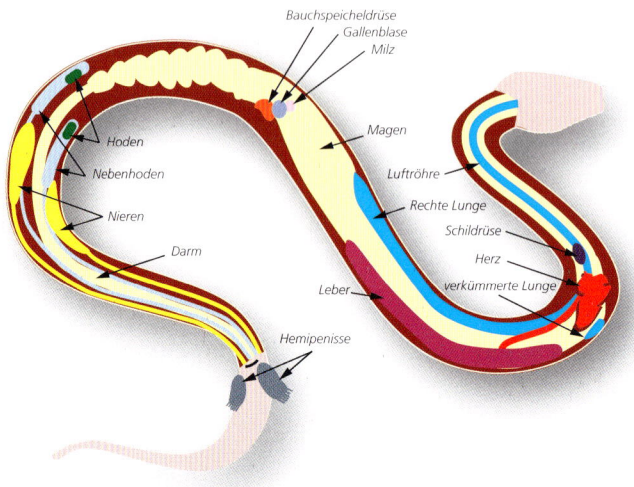

Die Organe von Schlangen gleichen im Wesentlichen denen aller höheren Wirbeltiere. Sie sind jedoch länglich und damit der Körperform der Schlangen angepasst.

Der Geruchssinn der Schlangennase ist nicht sehr ausgeprägt.

Die Sinne

Schlangen besitzen keine beweglichen Augenlider, da diese zu einer unbeweglichen, klaren Hornschicht verwachsen sind. Man nimmt an, dass Kornnattern auf kurze Distanz scharf sehen können. Kornnattern können nicht im üblichen Sinne hören, da sie weder Ohröffnungen noch ein Trommelfell besitzen. Sie können jedoch Erschütterungen des Bodens wahrnehmen. Das Riechen übernehmen bei Schlangen gleich zwei Organe: die Nase und das so genannte Jacobsonsche Organ. Letzteres leistet hierbei die Hauptarbeit und befindet sich im Gaumen der Schlange. Um die Geruchsstoffe zu diesem Organ zu transportieren, benutzt die Kornnatter ihre Zunge, die sie durch eine Spalte auch bei geschlossenem Maul herausstrecken kann. Eine aktive Kornnatter züngelt darum fast ständig, wobei die gegabelte Zunge sogar auch dazu benutzt werden kann, die räumliche Herkunft der Duftstoffe zu bestimmen.

Die gegabelte Zunge kann auch bei geschlossenem Maul ausgestreckt werden.

Häutung

Da die oberste Hautschicht einer Schlange nicht mitwächst, muss die alte, zu klein gewordene Schicht regelmäßig abgestreift werden. Natürlich ermöglicht die Häutung nicht nur das Wachstum, sondern dient auch der Regeneration und der Heilung von Wunden sowie einer temporären Entledigung von Hautparasiten.

Kornnattern beginnen bei etwa 6 bis 8 Häutungen pro Jahr im Jungtieralter und pendeln sich als Adulti auf etwa 3 bis 5 Häutungen pro Jahr ein. Der Beginn einer Häutung zeigt sich durch ein Eintrüben der Augen und der Haut sowie eine eventuelle Nahrungsverweigerung. Die Phase der Trübheit dauert etwa 7 bis 10 Tage an. In dieser Zeit wird zwischen abzustreifender und neuer Hautschicht eine Lymphflüssigkeit eingelagert. 2 bis 3 Tage vor dem eigentlichen Abstreifen der Haut wird die Flüssigkeit absorbiert, weshalb die Tiere ihr trübes Aussehen wieder verlieren. Vom Kopf beginnend wird die Haut in einem Stück abgestreift. Dazu reibt die Kornnatter die Spitze ihrer Schnauze so lange an Gegenständen, bis ihre Haut hängen bleibt und sie langsam aus ihr herauskriechen kann. Nach der Häutung sollte die abgestreifte Haut auf Vollständigkeit geprüft werden (siehe „Krankheiten und Verletzungen").

Bei diesem Häutungsvorgang lässt sich die dachziegelartige Anordnung der Schuppen gut erkennen.

Die alte Haut wird vom Kopf beginnend in einem Stück abgestreift.

Verhalten

Im Allgemeinen sind Kornnattern recht ruhige Schlangen. Ihr Hauptaktivitätszeitraum liegt in der Dämmerung und erstreckt sich über die Nacht. Zu dieser Zeit kann man die Tiere meist bei der Erkundung ihrer Umgebung, bei der Nahrungssuche oder beim Lauern auf Beute beobachten. Gerade im Terrarium trifft man Kornnattern jedoch auch tagsüber bei diesen Aktivitäten an. In den Ruheperioden findet man junge Kornnattern vor allem in ihren Verstecken vor, wohingegen adulte Tiere häufiger auch außerhalb ihrer Verstecke ruhen oder sich sonnen. Die Häufigkeit, mit der man eine Kornnatter außerhalb der Verstecke oder aktiv beobachten kann, hängt stark vom Charakter jedes einzelnen Individuums ab. Die Mehrzahl der in Terrarien gehaltenen Kornnattern ist sehr friedfertig und beißt nur in Ausnahmefällen zu. Vor allem Jungtiere und Wildfänge können bei Störung durch den Pfleger mit Abwehrmaßnahmen reagieren. Als erstes beginnen solche Tiere mit heftigem Schwanzrasseln und dem Einnehmen der so genannten „S-Stellung": Um schnell zubeißen zu können, legt die Schlange ihren Vorderkörper in Windungen und hebt ihn vom Boden ab. Bewegt man sich nun in die Reichweite des verängstigten Tieres, so erfolgt meist unter Ausstoß eines Zischlautes ein Abwehrbiss. Er kann zwar durchaus stark bluten, ist für den Pfleger jedoch kaum schmerzhaft, bei Jungtieren meistens kaum spürbar. Auch wenn man einmal gebissen wird, sollte man seine Hand nicht ruckartig zurückziehen, da man hierbei das Gebiss des Tieres verletzen kann. Um den „Angreifer" abzuschrecken, kann die Kornnatter ebenfalls ein übelriechendes Sekret aus ihren Analdrüsen abgeben.

Diese junge **Okeetee** zeigt eindrucksvoll die S-Stellung, wodurch sie für Angreifer größer wirkt und ihre Reichweite vergrößern kann.

Ein vor allem bei Jungtieren durchaus vorkommendes Verhalten ist Kannibalismus. Häufig verendet hierbei sowohl das gefressene als auch das fressende Tier.

Terrarium

Die „Mindestanforderungen an die Haltung von Reptilien 1997" empfehlen für die Haltung eines Kornnatterpärchens Terrarienmaße von 1 x 0,5 x 1 (Länge x Tiefe x Höhe) mal der Gesamtlänge des größeren Tieres. Für jedes weitere Tier sollten, möglichst in den gleichen Proportionen, 20 % des Volumens addiert werden. Erfahrungsgemäß spielt jedoch eine angemessene Einrichtung, die das gesamte Volumen des Terrariums nutzbar macht, eine größere Rolle als die reinen Maße des Terrariums. Für einen Besatz mit zwei bis drei Weibchen oder mit einem Paar haben sich gut eingerichtete Terrarien mit den Maßen 1 x 0,6 x 1 m (Länge x Tiefe x Höhe) bewährt. Muss einer dieser Werte unterschritten werden, sollte dies durch eine entsprechende Ausdehnung nach einer anderen Seite hin kompensiert werden. Besonders wichtig ist hierbei jedoch immer die Tiefe des Terrariums, da sie den Tieren Rückzugsmöglichkeiten bietet und Stress verringert.

Das Terrarium selbst sollte die klimatischen Bedürfnisse der Kornnatter erfüllen, einen ruhigen Standort ohne direkte Sonneneinstrahlung haben und ausbruchssicher sein.

Bei der Frage, ob man das Terrarium selbst baut oder auf fertige Terrarien aus dem Handel zurückgreift, muss man letztendlich die Kosten der Anschaffung, das handwerkliche Geschick und die ästhetischen Ansprüche des Pflegers gegeneinander abwägen. Terrarien aus Glas bieten den Vorteil, resistent gegen Feuchtigkeit und gut desinfizierbar zu sein. Holz als Werkstoff ist für den Laien gut verarbeitbar und besser in der Wärmedämmung, was Heizkosten spart. Es muss jedoch entsprechend behandelt werden, um gegen Feuchtigkeit widerstandsfähig zu werden. Auch Materialien wie das leichte Styrodur oder Styropor haben sich bewährt.

Der Vollständigkeit halber sei gesagt, dass vor allem in größeren Zuchtanlagen und in den USA eine Einzelhaltung in so genannten Racks die Regel darstellt. Ob diese platz- und kostenoptimale Aufreihung von Plastikboxen in Regalen für den Tierliebhaber erstrebenswert ist, mag jeder Halter für sich selbst entscheiden. Obwohl diese Einzelhaltung Vorteile gegenüber einer Gruppenhaltung in Schauterrarien haben kann, ist sie nach Meinung der Autoren von einer artgerechten Haltung weit entfernt und sollte der Quarantänephase sowie der Aufzucht von Jungtieren vorbehalten bleiben.

Dekoration

Bei der Gestaltung eines Terrariums müssen sowohl die Bedürfnisse der Tiere als auch die Hygieneaspekte dieses kleinen Lebensraumes sorgfältig beachtet werden. Demzufolge sollten alle Einrichtungsgegenstände entweder gut zu reinigen und zu desinfizieren oder günstig austauschbar sein. Es ist wichtig, nur solche Gegenstände fest zu verbauen, die gut gereinigt werden können. Die wichtigsten Einrichtungsgegenstände in einem Kornnatterterrarium sind die Wasserschale und die Versteckmöglichkeiten. Die verwendete Wasserschale sollte einen sicheren Stand haben, leicht erreichbar und sehr gut desinfizierbar sein.

Für Jungtiere stellen Kokosnussschalen und Kunstharzhöhlen ideale Verstecke dar.

Korkröhren und -höhlen eignen sich gut als Verstecke für ausgewachsene Schlangen.

Der Fachhandel bietet Trinkschalen in vielen verschiedenen Formen und Farben an.

Die Versteckmöglichkeiten sollten vielfältig und in allen Temperatur- und Beleuchtungszonen vorhanden sein; Kornnattern liegen nicht gerne ungeschützt. Es eignen sich umgedrehte und mit Eingängen versehene Blumentöpfe, Korkrindenstücke, Kokosnusshälften oder auch Plastikgefäße. Wichtig ist, dass alle Verstecke gut gesichert und für den Pfleger leicht zugänglich sind, um die Tiere immer stressfrei erreichen und kontrollieren zu können. Weiterhin müssen Öffnungen groß genug sein, sodass die Tiere nicht darin stecken bleiben können. Für Quarantäneterrarien oder Jungtiere eignen sich auch halbierte Papprollen. Diese lassen sich besonders gut und kostengünstig austauschen. Ein weiterer wichtiger Punkt ist die Schaffung von Klettermöglichkeiten. Hierfür eignen sich Äste, Wurzeln oder Rindenstücke. Es sollten sowohl dickere, stabile Äste als auch dünnere, verzweigte Äste zum Klettern zur Verfügung stehen. Wichtig ist, dass die Äste austauschbar oder gut desinfizierbar sind.

Als Kletterhilfe eignen sich Äste, Wurzeln und Rindenstücke aus dem Handel wie auch aus der Natur. Für die Schlangen relevante Krankheitserreger gibt es in den Wäldern unserer Breitengrade nicht.

Rückwand

Eine Rückwand stellt für die gern kletternden Kornnattern eine sehr sinnvolle Einrichtung dar. Sie vergrößert die nutzbare Kletterfläche des Terrariums und bietet je nach Konstruktion zusätzlich Liegeflächen. Wichtig ist

hierbei, die Hygiene nicht zu vernachlässigen. Die Rückwand sollte darum leicht von Kot zu reinigen sowie frei von unzugänglichen Stellen sein.

Es eignen sich sowohl im Handel erhältliche Kork- und Kokosplatten wie auch kostenintensive, fertig modellierte Felsimitate, deren Aussehen dafür sehr ausgefeilt ist. Eine individuelle und günstigere Alternative bieten selbst modellierte Rückwände aus eingeklebtem Styropor, das mit Fliesenkleber überstrichen und versiegelt ein ebenfalls ansehnliches Felsimitat darstellt. Generell sollte man beachten, keine unzugänglichen Höhlen einzubauen und Spalten gut zu verschließen. Tiere, die sich in Spalten oder hinter Rückwänden in Kleberückständen verfangen, sterben nicht selten, wenn der Pfleger den Vorfall nicht sofort bemerkt.

Korkrückwände fügen sich farblich schön in die natürliche Terrariengestaltung ein.

Bodengrund

Beim zu verwendenden Bodengrund spielen Faktoren wie beispielsweise die Hygiene, das Feuchtigkeitsspeichervermögen sowie das Aussehen eine Rolle. Als naturnaher Bodengrund hat sich ein Blumenerde-Sand-Gemisch bewährt. Kot kann relativ gut entfernt, allerdings weniger gut erkannt werden. Die Feuchtigkeit kann gehalten werden, und das Aussehen ist ebenfalls ansprechend. Gröbere Bodengründe, wie Buchenhack oder noch besser Rindeneinstreu aus Pinien- oder Douglasienrinde, haben ebenfalls ein natürliches Aussehen, lassen sich gut reinigen und erneuern. Eine Fütterung der Tiere sollte auf diesen Substraten jedoch vermieden werden, da es beim Verschlucken zu inneren Verletzungen und sogar zum Tod kommen kann. Die Verwendung von Küchen- oder Zeitungspapier sollte Quarantäneterrarien vorbehalten sein, da die Tiere hier keine Möglichkeit zum Graben haben.

Substrate aus Pinien- oder Douglasienrinde haben ein natürliches Aussehen.

Bepflanzung

Die Bepflanzung eines Kornnatterterrariums gestaltet sich eher schwierig. Es ist wichtig, robuste Pflanzen auszuwählen, die durch die Tiere nicht zerdrückt werden können. Man bedenke, dass die Tiere viel häufiger über dieselben Pflanzen kriechen oder gar darauf ruhen, als in der Natur üblich. Weiterhin muss eine für Pflanzen geeignete Beleuchtung angebracht werden, die für die Kornnatter selbst nicht notwendig ist (siehe „Licht"). Natürliche Pflanzen bieten den Vorteil, die Luftfeuchtigkeit zu erhöhen und dem natürlichen Lebensraum näher zu kommen, während künstliche Pflanzen von den Schlangen nicht zerstört und gut gereinigt werden können. Als natürliche Pflanzen haben sich eingetopfte Efeututen bewährt.

Bei Kunstpflanzen kann man je nach Geschmack und restlicher Einrichtung eine Auswahl anhand des Aussehens treffen.

Temperatur

Die Temperatur spielt für alle Reptilien eine besondere Rolle, da diese wechselwarme (poikilotherme) Tiere sind. Dies bedeutet, dass sie ihre Körpertemperatur kaum aktiv regulieren können, sondern diese abhängig von der Umgebungstemperatur ist. Darum fühlen sich Reptilien für den Menschen mit seiner etwa 36 °C betragenden Körpertemperatur meist kühl an, obwohl ihre Temperatur tatsächlich meist der der Umgebung entspricht. Um ihre Körpertemperatur zu erhöhen, muss eine Kornnatter folglich einen wärmeren Ort aufsuchen. Zum Abkühlen sucht sie einen kühleren Platz auf. Dämmerungs- und nachtaktive Schlangen können darum in der Natur während der Abendstunden häufig an und auf Asphaltstraßen oder Steinen entdeckt werden, die von der Sonne aufgeheizt sind und noch Wärme abstrahlen.

Der nur etwa 1,5 cm hohe Heizstein „Sun Base" erwärmt sich auf etwa 39 °C.

Alle Körperfunktionen der Tiere sind temperaturabhängig. Folglich müssen für eine funktionierende Verdauung, für das Jagen oder auch für die Winterruhe im Terrarium entsprechende Temperaturen geschaffen werden. Es genügt nicht, eine einzige Temperaturzone im Terrarium zur Verfügung zu stellen. Nur verschiedene Temperaturzonen gewährleisten ein Temperaturgefälle, in dem sich die Tiere ihre jeweils bevorzugte Temperatur von zirka 23 bis 28 °C aussuchen können. Die Möglichkeiten zur Beheizung des Kornnatterterrariums und zur Schaffung des benötigten Temperaturgefälles sind vielfältig. Im Folgenden soll darum zum einen auf die Erhaltung der Grundtemperatur und zum anderen auf die Einrichtung von „Sonnenplätzen" eingegangen werden.

Steht das Terrarium in einem viel genutzten Wohnraum, erübrigt sich meist eine Grundbeheizung am Tage. Dort kann sogar eine leichte Abkühlung in der Nacht, beispielsweise durch Lüften oder auch durch das Herunterdrehen der Heizung erforderlich sein. Liegt die Raumtemperatur unterhalb der benötigten Grundtemperatur von etwa 23 °C, so empfiehlt es sich, ein Drittel der Terrariengrundfläche mit qualitativ hochwertigen Heizmatten oder Heizkabeln zu erwärmen.

Es ist darauf zu achten, nur eine schwache Wärme von unten zu erzeugen, um die oft auf dem Boden ruhenden Tiere nicht zu sehr zu erhitzen. Desweiteren müssen im Terrari-um angebrachte Matten oder Kabel unbedingt gegen Anknabbern durch Futtertiere gesichert und so gedimmt werden, dass sich die Tiere nicht verbrennen können.

„Diamond Halogen Floodlights" eignen sich zur Schaffung von Sonnenplätzen.

Moderne Heizmatten wie die „Thermo Mat Pro", sind zur Sicherheit mit einem Überhitzungsschutz ausgestattet.

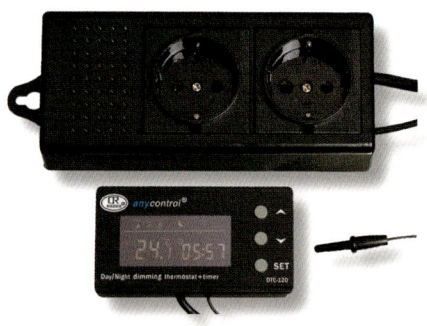

In Räumen mit großen Temperaturschwankungen können zusätzlich Zeitschaltuhren oder automatische Temperaturregler wie der „Reptile Control V3 Pro" eingesetzt werden. Nachts sollten die Temperaturen abfallen und Werte zwischen 18 und 22 °C erreichen.

Ein Sonnenplatz mit örtlich über 30 °C kann angeboten werden und wird meist gerne zum schnellen Aufwärmen angenommen. Schlangen sind an Wärme von oben gewöhnt, weshalb sie sich bei zu großer Wärme instinktiv in den kühleren Boden graben. Aus diesem Grund sollte größere Wärme immer von oben und nicht von unten realisiert werden. Meist haben die bekannten Infrarotlampen (Elstein-Strahler) oder andere Wärmelampen aus dem Handel für das mittelgroße Kornnatterterrarium bereits eine zu große Wärmeleistung. Bewährt hat sich die Verwendung einfacher Glühlampen im Bereich von 25 bis 60 Watt, die sowohl als Licht- wie als Wärmequelle für den Sonnenplatz dienen. Unter dem Sonnenplatz kann ein Stein angelegt werden, der tagsüber durch die Lampe aufgeheizt und auch in der Dämmerung sowie nachts von den Tieren aufgesucht werden kann.

Genau wie bei der Verwendung von Heizkabeln und Heizmatten muss auch bei der Verwendung von Glühlampen und Strahlern auf die Sicherheit geachtet werden, um die Tiere vor Verbrennungen zu schützen. Hierfür eignen sich Schutzkörbe, die um die Strahler angebracht werden, sodass der Strahler für die Tiere unzugänglich ist. Verbrennungen entstehen, wenn sich die Tiere nachts in vorhandene Nischen am Strahler verkriechen und diese beim Einschalten der Strahler nicht schnell genug verlassen können. Zu beachten ist, dass ein schlecht gefertigter, für Kornnattern zugänglicher Schutzkorb, ebenfalls zur tödlichen Falle werden kann. Verwendet man lediglich eine vertikal angebrachte Keramikfassung ohne Gehäuse sowie ein Leuchtmittel, gibt es keine Nischen, in die sich die Tiere verkriechen können, weshalb man in diesen Fällen erfahrungsgemäß auf einen Schutzkorb verzichten kann.

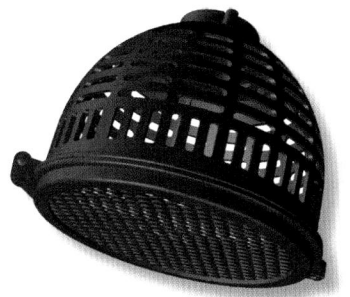

Der „TempProtect II light" schützt vor Verbrennungen durch Licht- und Wärmestrahler.

Feuchtigkeit

Für die Kornnatter hat sich eine recht trockene Haltung bewährt. Die relative Luftfeuchtigkeit von 50 bis 60 % am Tag und 60 bis 70 % nachts können in einem gut belüfteten Terrarium bereits durch gelegentliches Besprühen eines Terrarienteils oder einen Bereich mit leicht feuchtem Substrat gewährleistet werden. Hierbei ist der feuchte Teil des Substrats regelmäßig auf Schimmelbildung zu überprüfen. Die Größe der Lüftungsflächen des Terrariums sollte so angepasst werden, dass die relative Luftfeuchtigkeit gut gehalten werden kann. Dabei muss jedoch immer eine ausreichende Luftzirkulation gewährleistet sein und Staunässe unbedingt vermieden werden.

Der feuchte Bereich des Bodengrundes kann dazu genutzt werden, ein feuchtes Versteck einzurichten. Lässt sich das verwendete Substrat selbst oder ein Bereich des Terrariums nicht ohne weiteres feucht halten, lohnt es sich, eine so genannte Wetbox einzurichten. Hierbei wird eine leicht zu kontrollierende Plastikbox mit einem Eingangsloch versehen und mit einem Substrat wie Kokoshumus befüllt. So lässt sich ein feuchter Bereich im Terrarium schaffen, der den Tieren vor der Häutung, für die Eiablage oder einfach bei der Suche nach einem kühleren, feuchten Versteck sehr gute Dienste leistet. Notwendig ist eine solche Box vor allem bei der Verwendung von trockenem Bodengrund wie Einstreu oder Zeitungspapier.

Blick in die Wetbox eines sich häutenden, trächtigen Weibchens.

Licht

Die Frage nach der richtigen Beleuchtung ist bei der dämmerungs- und nachtaktiven Kornnatter eher eine Frage des Geschmacks, der Einrichtung und der Bepflanzung, da der Anspruch der Tiere an die Beleuchtung relativ gering ist. Für die Kornnatter ist es absolut ausreichend, einen Tag-Nacht-Rhythmus zu gewährleisten. Das Aufstellen eines Terrariums in Fensternähe

reicht hierfür jedoch nicht aus. In den Sommermonaten beträgt die Beleuchtungsdauer etwa 12 bis 14, im Frühjahr und im Herbst 8 bis 10 Stunden. In der Phase der Überwinterung wird die Beleuchtung schrittweise reduziert und anschließend langsam wieder erhöht.

Wählt man wattstarke Strahler für die Sonnenplätze (siehe „Temperatur"), können diese bereits als Beleuchtung ausreichen, wobei man auf eine nicht zu große Hitzeentwicklung achten sollte. Eine bessere Alternative bietet der Einsatz von stromsparenden Leuchtstoffröhren oder Energiesparlampen in Kombination mit schwächeren Strahlern für die „Sonnenplätze". Leuchtstoffröhren sind zudem die bessere Wahl, falls natürliche Pflanzen im Terrarium vorhanden sind. Eine Versorgung der Kornnatter mit UV-Licht ist nicht zwingend notwendig. Eine automatisierte Steuerung der Beleuchtung ist für einen geregelten Tag-Nacht-Rhythmus wichtig und entlastet zudem den Pfleger. Hierfür eignen sich handelsübliche Zeitschaltuhren, mit denen im optimalen Fall die Grundbeleuchtung sowie die „Sonnenplätze" getrennt gesteuert werden können.

Ernährung

In ihrer natürlichen Umgebung steht der Kornnatter ein breites Spektrum an Beutetieren zur Verfügung. Hierbei stellen kleine Säugetiere, andere Reptilien sowie Amphibien die Hauptnahrungsquellen dar. Jedoch werden auch kleinere Vögel und deren Eier oder auch Wirbellose keineswegs verschmäht. Im Terrarium erfolgt die Ernährung der Kornnattern vornehmlich mit Mäusen von entsprechender Größe. Sind diese vorher ausgewogen ernährt worden, kann auf die Zugabe von Vitaminen und Mineralstoffen verzichtet werden. Weiterhin eignen sich kleinere Ratten, Hamster oder Hühnerküken als Nahrung, wobei der abgesetzte Kot bei der Fütterung mit Küken geruchsintensiver und dünnflüssig ist. In jedem Fall sollte die Größe des Futtertieres der Größe der Schlange angepasst sein.

Als Faustregel gilt, dass der Durchmesser eines Futtertieres nicht größer sein sollte als das Anderthalbfache des Durchmessers der Schlange. Mit nestjungen Mäusen („Pinkies"), leicht behaarten Mäusen („Speckies"), Jungmäusen („Springern") und ausgewachsenen Mäusen kann eine Kornnatter in jeder Altersstufe mit jeweils angemessen großen Futtertieren versorgt werden. Ob hierbei auf lebende Futtertiere oder auf Frostfutter zurückgegriffen wird, hängt von mehreren Faktoren ab: Nimmt ein Tier Frostfutter an, ist dies tendenziell zu empfehlen, da Frostfutter auf Vorrat eingekauft und bei Bedarf aufgetaut werden kann. Ist eine Fütterung mit lebenden Futtertieren erforderlich oder gewünscht, sollte diese speziell überwacht werden, da es hierbei auch zu Verletzungen der Schlange durch wehrhafte Nagetiere kommen kann.

Beim Verschlingen der Beute zeigt sich die große Dehnbarkeit des Kieferapparates und der Haut.

Wo die Fütterung stattfindet, hängt auch von der Haltungsform der Tiere ab: In der Einzelhaltung kann eine Fütterung direkt im Terrarium erfolgen, wobei hier darauf zu achten ist, dass lebende Futtertiere unverzüglich aufgespürt und gefressen werden können. Bei der Gabe von Frostfutter ist darauf zu achten, dass im feuchten Fell der Futtertiere kein Bodengrund haften bleibt und mit aufgenommen wird, weshalb sich Unterlagen oder kleine Schälchen empfehlen. Bei einer Gruppenhaltung ist von einer gemeinsamen Fütterung prinzipiell abzuraten oder aber unbedingt darauf zu achten, dass sich nicht zwei Schlangen in einer Maus verbeißen oder ein bereits halb verschlungenes Futtertier von einer anderen Schlange ebenfalls noch attackiert wird. Dies kann im schlimmsten Falle mit dem Gefressenwerden der anderen Schlange enden, da so lange weitergeschlungen wird, bis das vermeintliche Futtertier gefressen ist. Eine sichere und ungefährlichere Variante bietet das Füttern in Plastikbehältern außerhalb des Terrariums. Hier können die Tiere einzeln gefüttert und nicht gefressene Futtertiere leicht entfernt werden. Die Gefahr, Bodengrund zu verschlucken und innere Verletzungen davonzutragen, ist ebenfalls nicht gegeben.

Die Fütterung findet bei Jungtieren im Abstand von 5 bis 7 und bei adulten Tieren von 7 bis 20 Tagen statt. Die Anzahl der Futtertiere richtet sich nach deren Größe sowie auch nach der Größe der Schlange, wobei darauf zu achten ist, nicht zu überfüttern, da Schlangen naturgemäß „auf Vorrat" fressen. Weniger ist oft mehr, da Kornnattern schnell verfetten, was sich wiederum negativ auf ihre Gesundheit, ihre Fortpflanzungsbereitschaft und letztendlich auch auf ihre Ästhetik auswirkt. Der eigentliche Jagd- und Fressvorgang läuft wie folgt ab: Nachdem die Kornnatter das Futtertier wahrgenommen hat, bringt sie sich in eine günstige Position und schnappt zu. Dann muss die Beute durch Umschlingen erwürgt werden. Jungtiere erwürgen ihre Beute mitunter nicht und verschlingen sie lebend. Danach beginnt der Akt des Verschlingens, bei dem das Futtertier im Normalfall am Kopf beginnend im Ganzen verschlungen wird. Ermöglicht wird dies, da Ober- und Unterkiefer nur locker untereinander und mit dem Schädel verbunden sind. Dieser Fressakt kann bei großen Futtertieren auch fünfzehn Minuten und länger andauern. Das Verfüttern von sehr großen Futtertieren sollte vermieden werden. Besser ist es, stattdessen auf mehrere Futtertiere angemessener Größe zurückzugreifen.

Pantherophis guttatus, Okeetee Hunt Club

Hygiene

Die Hygiene im Umgang mit den Tieren und die Hygiene des Terrariums sind neben den richtigen Haltungsbedingungen und der richtigen Ernährung zwei wichtige Punkte bei der Vermeidung und Eingrenzung von Krankheiten. Zu der täglichen Hygiene eines Terrariums gehört das sofortige Entfernen von Exkrementen. Wichtig ist hierbei, dass pro Terrarium jeweils ein Instrument (z. B. ein Plastiklöffel) zur Entfernung des Kots zur Verfügung steht, um Ansteckungswege zwischen den verschiedenen Terrarien zu vermeiden. Sollten Einrichtungsgegenstände verschmutzt sein, so sind diese ebenfalls zu reinigen und zu desinfizieren. Das zur Verfügung stehende Wasser sollte je nach Bedarf, mindestens aber zweimal wöchentlich, gewechselt und die Wasserschalen sollten gereinigt werden. Wenn die Tiere einmal in die Wasserschale koten, ist diese sofort zu reinigen und gründlich zu desinfizieren. Die Einrichtungsgegenstände sollten etwa vierteljährlich gereinigt und bei Bedarf erneuert werden. Bei dieser Gelegenheit empfiehlt es sich, den Bodengrund komplett auszutauschen. Je nach Bodengrund und Tierbesatz kann dies aber auch in größeren Intervallen erfolgen. Weiterhin ist es wichtig, alle für mehrere Tiere verwendeten Instrumente und Behältnisse, wie Pinzetten oder Futterboxen, regelmäßig zu desinfizieren.

Zur Hygiene beim Umgang mit Kornnattern gehört vor allem das gründliche Händewaschen vor und nach dem Umgang mit den Tieren. Auch zwischen dem Kontakt mit Tieren verschiedener Gruppen und Terrarien kann das Desinfizieren der Hände weitere Ansteckungswege ausschalten. Eine gründliche Reinigung der Hände nach ungewolltem Kontakt mit Exkrementen sowie nach der Reinigung der Terrarien versteht sich von selbst. Sollten kranke Tiere oder Tiere mit Verdacht auf Krankheiten gepflegt werden, so ist es ratsam, diese als Letzte zu versorgen, sodass danach kein unmittelbarer Kontakt zu gesunden Tieren stattfindet. Die Verwendung von Einweghandschuhen und Einweginstrumenten ist hierbei zu empfehlen, da auf diese Weise auch indirekte Krankheitsübertragungen wie beispielsweise über Türklinken etc. vermieden werden können.

Greifen & Halten

Das Handling ist für die Kornnatter immer mit Stress verbunden und sollte darum auf ein Minimum, das heißt auf die gesundheitliche Kontrolle, auf Fütterungen oder anfallende Arbeiten im Terrarium reduziert werden. Das Greifen der Tiere erfolgt ruhig, aber bestimmt, indem man die flache Hand auf das Tier legt und die Schlange vorsichtig aus dem Terrarium nimmt. Schlangen halten sich meist sehr gut selbst fest und benutzen die Hand oder den Arm des Pflegers wie einen Ast. Nervöse Tiere und vor allem Jungtiere sollten immer vorsichtig am Körper festgehalten werden. Muss man ein Tier fixieren, empfiehlt sich ein Griff mit Daumen, Zeige- und Mittelfinger hinter dem Kopf des Tieres. Die andere Hand hält und stützt hierbei den restlichen Körper. Aggressive oder sehr nervöse Tiere sollten mit einem Haken oder mit Lederhandschuhen ergriffen werden. Hierbei bleiben die meisten Tiere wesentlich ruhiger als beim direkten Kontakt mit der warmen Hand des Pflegers, was sowohl für das Tier wie für den Pfleger unnötigen Stress vermeidet.

Dieser lockere Griff gibt dem Tier Halt, ohne es festzuklemmen.

Winterruhe

Trotz des großen Verbreitungsgebietes der Kornnatter stammen die meisten Tiere aus Gebieten mit gemäßigtem und subtropischem Klima und sind demzufolge einem jahreszeitlichen Rhythmus von warmen und kalten Perioden unterworfen. Ab dem späten Herbst nehmen die Tiere in der Natur keine Nahrung mehr zu sich und verbringen die Zeit bis zum Frühjahr in Winterruhe.

Kornnattern aus nördlichen Gebieten absolvieren eine längere Winterruhe, wohingegen das Klima im südlichsten Verbreitungsgebiet so mild ist, dass die Tiere dort teils gar keine Winterruhe einlegen. Folglich halten die Autoren eine Winterruhe für Terrarientiere, deren genaue Herkunft häufig unklar ist, nicht für ein absolutes Muss. Wer jedoch seine Tiere vermehren und zu ihrer Gesunderhaltung beitragen möchte, dem sei eine kühle Überwinterung ans Herz gelegt.

Bei der Überwinterung werden die Tiere mindestens vier Wochen vor der Winterruhe nicht mehr gefüttert, damit sich ihr Verdauungstrakt möglichst vollständig entleeren kann. Im Herbst werden dann im Laufe von 3 bis 5 Wochen die Temperaturen und die Beleuchtungsdauer langsam reduziert, um die Tiere bei Werten zwischen 8 und 12 °C ohne Beleuchtung etwa 2 Monate überwintern zu können. Am Ende dieser achtwöchigen Ruheperiode werden Temperatur und Beleuchtung wieder über 3 bis 5 Wochen erhöht und die Tiere anschließend mit kleinen Futtertieren angefüttert. Da diese Temperaturwerte in normalen Wohnungen kaum gewährleistet werden können, bietet sich eine Unterbringung der Tiere in kleinen Überwinterungsbehältern, beispielsweise in einem Keller oder sogar Kühlschrank an. Ist dies nicht möglich, empfiehlt sich in jedem Fall folgende Vorgehensweise einer Winterpause: Über einen Zeitraum von 2 Wochen werden Beleuchtung und Heizung heruntergefahren, wonach die Tiere nochmals 3 bis 4 Wochen bei Raumtemperatur (18 bis 20 °C) fasten und ruhen. Anschließend werden über einen Zeitraum von etwa 2 Wochen Beleuchtung und Heizung auf normale Werte hochgefahren. Diese insgesamt achtwöchige Futterpause reicht meist aus, um den natürlichen Jahresrhythmus der Tiere zu simulieren und ist den meist zu gut gefütterten Terrarientieren keinesfalls abträglich. Bei schwachen oder bei kranken Tieren sollte man generell von einer Winterruhe absehen.

Haltungsfehler vermeiden

Stress und mangelnde Hygiene sind Hauptursachen für Krankheiten.

- Stellen Sie das Terrarium an einer ruhigen Stelle ohne direkte Sonneneinstrahlung auf.
- Installieren Sie genügend Verstecke und Rückzugsmöglichkeiten.
- Schlangen sind keine Kuscheltiere – genießen Sie es, Ihre Tiere zu beobachten und reduzieren Sie Stress durch Herausnehmen auf ein Minimum.
- Entfernen Sie Kot immer sofort.
- Wurde in die Trinkschale gekotet, reinigen und desinfizieren Sie diese sofort.
- Benutzen Sie pro Gruppe oder Terrarium jeweils einen anderen Kotlöffel, sodass Krankheiten nicht so einfach auf andere Gruppen übergreifen können.
- Verwenden Sie niemals dieselben Instrumente für Fütterung und Reinigung.
- Halten Sie sich an Quarantänemaßnahmen.
- Kontrollieren Sie Ihre Tiere und deren Haltungsbedingungen.
- Führen Sie Buch über Fütterungen, Häutungen und sonstige Auffälligkeiten, um Krankheiten früh erkennen zu können.
- Der Einsatz von Thermo- und Hygrometern ist Pflicht, um ein angemessenes Klima zu kontrollieren.
- Schützen Sie Ihre Tiere vor eventueller Überhitzung, vor allem in den Sommermonaten.

Zum Beispiel durch scharfe Kanten können sich Kornnattern, wie hier am rechten Auge des linken Tieres zu sehen ist, leicht ihre Schuppen verletzen.

Krankheiten & Verletzungen

Viele Krankheiten und Verletzungen der sonst so robusten Kornnatter sind auf eine falsche Haltung und Pflege der Tiere zurückzuführen. Im Folgenden werden einige der häufigsten gesundheitlichen Probleme erläutert. Wichtig ist es, bei Anzeichen von Krankheiten oder Krankheitsverdacht einen reptilienkundigen Tierarzt (siehe „Adressen und Zeitschriften") aufzusuchen.

Häutungsschwierigkeiten sind ein Indiz für falsche Haltungsbedingungen oder Stress, können aber auch krankheitsbedingt auftreten. Im akuten Fall können die Tiere in einem Behälter mit Küchenkrepp und etwa einem Zentimeter Wasserstand lauwarm gebadet werden. Danach lassen sich Häutungsreste meist ohne größere Probleme durch das Tier selbst oder den Pfleger entfernen, wobei anschließend besonders die Augen und die Schwanzspitze zu kontrollieren sind. Mehrfach ungehäutete Schwanzspitzen können absterben und mitunter sogar zu schweren Infektionen führen. Sollten mehrmals hintereinander Häutungsprobleme auftreten, sollte unbedingt ein Reptilienarzt aufgesucht werden.

Äußere Verletzungen entstehen zumeist durch Bisse oder Kratzer von Futtertieren. Im Normalfall müssen diese Wunden nicht behandelt werden und verheilen von selbst. Größere Wunden sollten gegebenenfalls vom Tierarzt behandelt werden.

Bei der Eiablage kann es zur so genannten Legenot kommen. Hierbei ist es dem Weibchen nicht möglich, die Eier selbstständig abzulegen. Wurde nur ein Teil der Eier gelegt, sollte dem Weibchen zunächst mindestens 24, besser noch 48 Stunden absolute Ruhe gewährt werden. Danach erfolgt gegebenenfalls eine Weiterbehandlung durch den Tierarzt, wobei erst eine medikamentöse Behandlung, im schlimmsten Fall eine operative Entfernung erfolgt.

Verdauungsstörungen wie das Auswürgen der Nahrung können natürliche wie krankhafte Ursachen haben. Natürliche Ursachen wären zu groß gewählte Futtertiere, Stress oder zu niedrige Temperaturen. Damit sich das Tier erholen kann, sollte nach einem Erbrechen immer eine einwöchige Futterpause eingehalten und dann mit einem kleinen Futtertier angefüttert werden. Bei krankhaften Ursachen sind vor allem Endoparasiten wie Amöben, Flagellaten und die besonders gefährlichen Kryptosporidien zu nennen, die auch die Erklärung für Durchfälle sein können.

Zur Abklärung sollten Kot- und eventuell Magenspülproben vom Arzt genommen und untersucht oder an ein Labor weitergeleitet werden. Im akuten Fall sollten die Tiere unter strengster Beachtung der Hygiene sofort in Quarantäne überführt werden, da Ansteckungsgefahr bestehen könnte. Die Behandlung sollte individuell durch den Tierarzt festgelegt werden.

Als winzige schwarze oder rote Punkte, vornehmlich im Augen- und Nasenbereich sowie im Wassergefäß, zeigen sich Schlangenmilben. Liegt ein solcher Milbenbefall vor, so ist als erstes die Einrichtung inklusive Bodengrund auszuräumen. Nach Absprache mit dem Tierarzt werden dann häufig Insektenstrips mit Dichlorvos eingebracht. Da dieses Gift wasserlöslich ist, sollten in dieser Zeit Wasserschalen entfernt und die Kornnattern nur noch gezielt getränkt werden. Auf eventuelle Vergiftungserscheinungen der Tiere ist besonders zu achten.

Jüngst wurde eine genetisch vererbbare Nervenkrankheit, das so genannte Stargazing (dt.: „Sterngucken") nachgewiesen. Durch diese Krankheit wird die Feinmotorik der Tiere gestört, weshalb sie häufig schlingernde Bewegungen ausführen und ihren Kopf oder Körper nach oben drehen. Ansonsten scheinen die Tiere keine lebensbedrohlichen Schäden von dieser Krankheit davonzutragen. Vor allem Züchter sollten ihre Tiere zukünftig auf diese Symptome hin kontrollieren.

Diese Augenentzündung sollte in jedem Fall von einem Reptilienarzt behandelt werden.

Paarung

Kornnattern sind relativ leicht zu vermehren. Deshalb sollte man sich vor einer Verpaarung seiner Tiere genau überlegen, ob man ausreichend Zeit, Platz und letztendlich auch finanzielle Mittel hat, um die Nachzuchten angemessen versorgen und unterbringen zu können. Weiterhin sollte man sich im Vorfeld darüber informieren, ob man die Nachzuchten auch verkaufen oder vermitteln kann. Möchte man mit seinen Tieren nicht nachziehen, so sollten die Tiere unbedingt ganzjährig nach Geschlechtern getrennt gehalten werden, da sich Kornnattern noch bis weit in den Sommer oder teilweise sogar Herbst hinein erfolgreich paaren können. In diesem Kontext ist es wichtig, das Geschlecht der Kornnattern zu kennen. Das bekannte Sondieren, also das Einführen einer Knopfsonde in die nur bei männlichen Tieren vorhandenen Hemipenistaschen, ist bei Kornnattern im Allgemeinen nicht notwendig. Bei adulten Tieren gibt sowohl die Form des Übergangs von Körper zu Schwanz als auch der Schwanz selbst Auskunft über die Geschlechtszugehörigkeit. Während sich bei Weibchen der Schwanz hinter der Kloake gleichmäßig verjüngt, ist bei Männchen nur eine Einschnürung zwischen dem Körper und dem dickeren, sich langsam verjüngenden Schwanz zu sehen. Eine weitere Möglichkeit

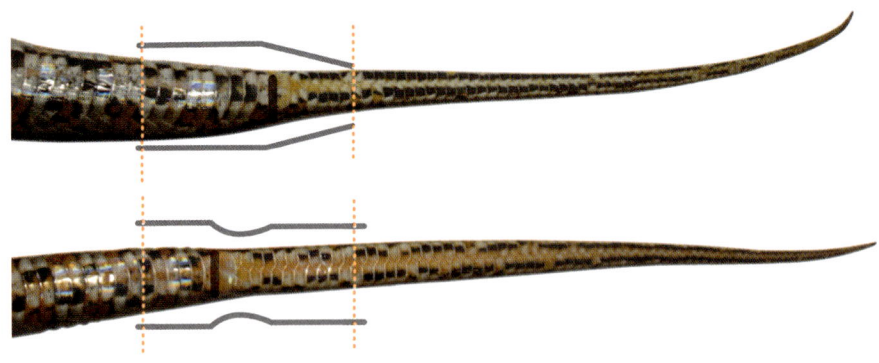

Die eingezeichneten Linien verdeutlichen die sich verjüngende Schwanzform der Weibchen (oben) sowie die Ausbuchtungen bei den Männchen (unten).

der Geschlechtsdiagnose bietet die Schuppenzählmethode. Hierbei werden an einer abgestreiften Haut die Bauchschilde (ohne die vorderen, verkleinerten Schilde) gezählt. Von diesem Ergebnis wird dann die Anzahl der Schwanzschildpaare abgezogen. Bei einem Wert über 156 handelt es sich im Allgemeinen um Weibchen, bei einer Zahl darunter um Männchen. Diese Methode ist für Tiere jeden Alters geeignet, sollte aber beispielsweise durch Betrachtung der Schwanzform validiert werden. Eine vierte Methode, das so genannte Poppen, sollte aufgrund des Verletzungsrisikos nur von geübten Züchtern und nur bei Schlüpflingen angewendet werden. Hierbei können die Hemipenes der Männchen durch sanftes Drücken auf den Schwanz herausmassiert werden.

Die Paarung der Kornnatter beginnt nach der Winterruhe. Begegnen sich in dieser Zeit zwei Männchen, so kommt es zu so genannten Kommentkämpfen, bei denen – zumeist ohne Verletzungen – das stärkere Männchen das schwächere vertreibt. Da es im Terrarium keine Möglichkeiten zur wirklichen Flucht für das unterlegene Männchen gibt, sollten Männchen nach Meinung der Autoren prinzipiell, zumindest aber in dieser Zeit getrennt voneinander untergebracht werden. Begegnen sich hingegen Männchen und Weibchen, kann es zu einer Paarung kommen. Grundsätzlich sollten Weibchen frühestens im zweiten Lebensjahr verpaart werden und mindestens 300 g wiegen.

Beim Paarungsvorgang kriecht das Männchen, mit dem Kinn über ihren Rücken reibend, auf das Weibchen und versucht, seine Kloake auf die ihre zu pressen. Anfangs kann das Weibchen hierbei langsam oder auch wild flüchten, wobei das Männchen versucht, stets auf dem Weibchen zu bleiben. Versucht das Weibchen permanent zu flüchten, sollte es wieder vom Männchen getrennt werden. Beruhigen sich die Tiere jedoch nach einiger Zeit, so beginnt das Männchen mit seinem Schwanz den Schwanz des Weibchens zu umschlingen. Kann das Männchen seine Kloake dann an die des Weibchens bringen, dringt es mit einem Hemipenis in diese ein. Die eigentliche Kopulation dauert meist 5 bis 20 Minuten, wobei die Tiere in dieser Zeit oft bewegungslos verharren und nur leicht windende Bewegungen mit den Schwanzspitzen vollführen.

Kornnattern beim Paarungsspiel – gut zu sehen die umschlungenen Schwänze und das Männchen, das sich oben auf dem Weibchen befindet.

Eiablage

Kornnatterweibchen sind etwa 29 bis 70 Tage trächtig (SCHULZ 1996) und nehmen in dieser Zeit im hinteren DRITTEL deutlich an Körperumfang zu. Sie häuten sich zumeist 5 bis 20 Tage vor der Eiablage nochmals und nehmen dann häufig keine Nahrung mehr zu sich. Allerspätestens jetzt sollte dem Weibchen ein geeigneter Eiablageplatz zur Verfügung gestellt werden. Hierfür eignen sich stressarm zu kontrollierende Plastikbehälter, die mit leicht feuchtem Kokoshumus oder mit Sphagnummoos gefüllt werden. Bei der Eiablage selbst sollte

das Weibchen so wenig wie möglich gestört werden, um eine Legenot zu vermeiden. Abgelegt werden etwa 12 bis 18 Eier, wobei jüngere Weibchen eher 5 bis 15, ältere nicht selten über 30 Eier ablegen. Befruchtete Eier sind hell, rund und fühlen sich bald nach der Ablage trocken an. Unbefruchtete Eier sind meist kleiner, gelblich und bleiben feucht bis schleimig oder sind feste, bernsteinfarbene Wachseier. Nach der Eiablage häuten sich die Weibchen nochmals und sollten dann vorsichtig wieder angefüttert werden. Viele Weibchen setzen auch ohne eine nochmalige Verpaarung ein meist kleineres Zweitgelege ab.

Eine weibliche Key-Kornnatter bei der Eiablage in der mit Kokoshumus gefüllten Eiablagebox. Die Tiere sollten dabei keinesfalls gestört werden.

Ein enger Plastikbehälter mit feuchtem Sphagnummoos bietet den Weibchen eine geeignete Eiablagemöglichkeit.

Ein Wachsei, ein unbefruchtetes und ein befruchtetes Ei (von links nach rechts) auf als Brutsubstrat verwendetem Vermiculit.

Inkubation

Da man in einer für das Terrarium geeigneten Ablagebox die für die Inkubation erforderlichen konstanten klimatischen Bedingungen kaum schaffen kann, ist es sinnvoll, die Eier nach der Ablage in einen Inkubator zu überführen. Da Kornnattereier keine übermäßig hohen Ansprüche an den Inkubator stellen, eignen sich selbst gebaute Inkubatoren sowie auch Brüter, die sich im Fachhandel erwerben lassen. Die Eier werden, ohne sie zu drehen oder die meist verklebten Eier gewaltsam voneinander zu trennen, in feuchtes Substrat, wie Vermiculit oder Sphagnummoos, gebettet. Als Faustregel gilt hierbei, dass sich das Substrat beim Zusammendrücken zwischen den Fingern zwar feucht anfühlen, aber nicht tropfen sollte. Gesunde Kornnattereier sind sehr robust, sodass ihnen auch benachbarte verdorbene, eventuell schimmelnde Eier kaum etwas anhaben können. Bei einer Temperatur von etwa 27 bis 28 °C werden die Eier dann in der Regel 55 bis 80 Tage inkubiert. Zu dem komplexen Thema Inkubation und Inkubatorbau sei auf weiterführende Literatur wie beispielsweise KÖHLER (2004) verwiesen.

Kornnattereier unterscheiden sich je nach Herkunfts- oder Zuchtlinie extrem in der Größe. Als Maßstab dient hier der Abstand der Bohrungen im Lochblech, der 5 mm beträgt.

Schlupf

Der Schlupf der jungen Kornnattern kündigt sich meist durch leichtes Schwitzen und Einfallen der Eier an. Etwa 5 bis 10 Tage später zeigen sich dann erste Schlitze, die die Jungtiere mit ihrem Eizahn in die Eischale ritzen. Nach und nach beginnen sie, ihren Kopf aus dem Ei zu strecken, um Luft zu atmen. So verharren die Jungtiere dann meistens einen, in Ausnahmefällen auch zwei oder mehr Tage, um den Rest ihres Dottersackes aufzubrauchen. Störungen sind hier auch bei noch so großer Neugier des Pflegers zu vermeiden. Anschließend kriechen die Jungtiere aus ihren Eiern. In der Regel schlüpfen alle Tiere eines Geleges innerhalb weniger Tage, wobei diese Zeit je nach Inkubationsbedingungen auch größeren Schwankungen unterworfen sein kann. Manche Jungtiere schaffen es nicht selbst, aus dem Ei zu schlüpfen. Häufig liegen hier Missbildungen vor oder das Jungtier ist geschwächt. Auf ein Aufschneiden der Eier sollte dennoch verzichtet werden. Zum einen ist der konkrete Schlupfzeitpunkt kaum abzupassen, zum anderen stört es die gesunden Tiere nur beim Schlupf.

Dieses Jungtier streckt gerade seinen Kopf aus dem Ei und wird so etwa einen Tag verharren. Noch ist deutlich der bald abfallende Eizahn zu entdecken.

Aufzucht

Nach dem Schlupf können die Jungtiere einzeln oder in kleinen Gruppen in Aufzuchtbehälter überführt werden. Die Einzelhaltung erlaubt hierbei eine genauere Kontrolle der Jungtiere, eine Gruppenhaltung ist hingegen platz- und zeitsparender. Die Haltung in kleinen Behältern hat sich als vorteilhaft und stressärmer erwiesen. Bei den Haltungsbedingungen für Schlüpflinge ist darauf zu achten, dass die Nachttemperaturen nicht zu niedrig sind. Bis zu ihrer ersten Häutung etwa eine Woche nach dem Schlupf sollten die Schlüpflinge etwas feuchter gehalten werden. Anschließend können sie dann mit nestjungen Mäusen angefüttert werden. Sehr wichtig ist eine Kontrolle bei der Fütterung mehrerer Jungtiere, damit es nicht zu Unfällen kommt. Jungtiere, die nicht selbstständig fressen wollen, sollten möglichst stressfrei und mittels verschiedener Tricks zum Fressen bewogen werden. Hierfür eignen sich Frostpinkies, denen das Hirn aufgeschnitten wurde, oder auch lebende Pinkies. Auch ein Verwittern des Futters mit Huhnfett erzielt gute Erfolge.

Diese beiden Jungtiere zeigen deutlich, dass farbliche Varianz und Zeichnung selbst innerhalb eines Geleges sehr deutlich ausgeprägt sein können.

Nach dem Schlupf verbleiben die Tiere bei den Autoren bis zur ersten Häutung im Inkubationsbehälter. Dort sammeln sie sich meistens zu einem wahren Knäuel.

Pantherophis guttatus der Variante Palmetto

Zuchtvarianten

Die sehr gut umzusetzenden Anforderungen an ihre Haltung sowie die Umgänglichkeit der Tiere ebneten der Kornnatter den Weg in viele Terrarien. Ihre große Beliebtheit so-wohl bei Anfängern in der Schlangenhaltung als auch bei ambitionierten Züchtern erlangte die Kornnatter jedoch durch ihre zahlreichen Farb- und Zeichnungsvarianten. In den letzten dreißig Jahren wurde eine Vielzahl genetisch vererbbarer Farb- und Zeichnungsmutationen entdeckt, immer wieder neu kombiniert und weitere interessante Merkmale durch gezielte Zucht herausgearbeitet.

Gerade diese Vielzahl und das Fehlen eines offiziellen internationalen Standards sind es jedoch, die häufig zu Verwirrung führten und leider noch immer führen. Erschwerend kommt hinzu, dass Einsteiger und selbst noch fortgeschrittene Farbzüchter häufig nicht über das notwendige Grundwissen im Bereich der Vererbungslehre verfügen, sondern stattdessen Farbbestimmungen auf Basis von Fotovergleichen durchführen.

Dies führt nicht nur dazu, dass die angestrebte Zucht meist nicht die erwünschten Nachkommen hervorbringt und hervorbringen kann, son-

dern dass im schlimmsten Fall auch Käufer nicht das bekommen, was sie eigentlich erwarten und – leider meistens auch sehr teuer – erworben haben.

Statt einer zu kurzen und unzureichende Darstellung der zahlreichen Zuchtformen der Kornnatter in die-

sem Titel verweisen die Autoren an dieser Stelle auf ihr aufwändig bebildertes Buch „Farb- und Zeichnungsvarianten der Kornnatter", ISBN 3-978-3-9813176-6-4.

Mit den nachfolgenden Fotografien soll jedoch das Interesse des Lesers geweckt werden, sich näher mit der faszinierenden Welt der Farbzucht auseinanderzusetzen. Die hierfür notwendigen Grundlagen der Vererbungslehre, weiterführenden Informationen sowie eine umfassende Übersicht der derzeit aus Auswahl- und Mutationszucht erzielten Formen, finden sich dann im ergänzenden Buch. Dieses richtet sich zwar primär an den fortgeschrittenen Halter und professionellen Farbzüchter, sei allerdings auch demjenigen ans Herz gelegt, der eine preisintensivere oder spezielle Farb- oder Zeichnungsvariante erwerben möchte.

Diese junge **Miami** ist durch sogenannte Auswahlzucht entstanden und hat besonders kräftige rote Sattelflecken auf silbergrauem Grund.

Diese Kornnatter kombiniert zwei Mutationen; **Amelanistic** löscht die schwarzen Farbpigmente aus und **Striped** führt zu einer Umbildung der Sattelflecken zu Streifen.

Dieser sogenannten **Anerythristic** fehlen die roten Farbpigmente; bei diesem Tier liegt zudem noch eine Kombination mit der Zeichnungsvariante **Motley** vor.

Diese **Blizzard Bloodred** sorgt mit ihrem Namen zweifesfrei für Verwirrung, ist sie doch rein-weiß und zeigt überhaupt kein rot.

Adressen & Zeitschriften

Herpetologische Vereine, Verbände und Gesellschaften

Bundesverband praktischer Tierärzte e.V., Hahnstraße 70, 60528 Frankfurt, Tel.: 0 69/66 98 18-0, www.tieraerzteverband.de, BPT-eV@t-online.de

Deutsche Gesellschaft für Herpetologie und Terrarienkunde (DGHT) e.V., Geschäftsstelle, Vogelsang 27, 31020 Salzhemmendorf, Tel.: 0 51 53/8 03 86 76, www.dght.de, gs@dght.de

DGHT Arbeitsgemeinschaft Schlangen, Leiter: Josef Beck, Mühlfeldweg 3, 85137 Waltling, Tel.: 0 84 65/1 74 83 99, www.ag-schlangen.de, ag-schlangen@dght.de

Verband deutscher Vereine für Aquarien- und Terrarienkunde (VDA), VDA-Geschäftsstelle, Manfred Rank, Steinbühlleite 12, 95234 Sparneck, Tel.: 0 92 51/13 12, www.vda-online.de, vda-geschaeftsstelle@vda-online.de

Österreich

Herpetologische Terraristische Vereinigung Österreichs (HTVÖ), Toscaninigasse 25, A-1230 Wien, Tel.: Redaktion 00 43-06 76/9 24 00 00, www.htvoe.at, info@htvoe.at

Österreichische Gesellschaft für Herpetologie (ÖGH), c/o Naturhistorisches Museum Wien, Burgring 7, A-1014 Wien, Tel.: 00 43-01/52 17 76 19, www.herpetozoa.de, office@herpetozoa.at

Österreichischer Verband für Vivaristik und Ökologie (ÖVVÖ), www.oevvoe.org, office@oevvoe.org

Schweiz

DGHT-Landesgruppe Schweiz, offizielle Vertretung aller Schweizer Mitglieder der DGHT, Dr. sc. nat. Beat Akeret, Katzenrütistrasse 5, CH-8153 Rümlang, Tel.: 00 41-1/8 17 02 57, www.dght-schweiz.ch, info@dght-schweiz.ch

Varianten, wie die sehr gefragte **Hypo Lavender** (links) oder die spektakuläre **Perrpermint Striped** (rechts) werden im ergänzenden Buch „Farb- und Zeichnungsvarianten der Kornnatter" (ISBN 3-978-3-9813176-6-4) der gleichen Autoren beschrieben.

Untersuchungs-institute

Alpha Biocare GmbH, Diagnostik, Vorbeugung und Therapie von Parasitosen, c/o Prof. Dr. Mehlhorn, Hansemannstr. 73, 41468 Neuss, Tel.: 021 31/ 36 77 444, www.alphabiocare.de, mail@ alpahbiocare.de

Exomed, Institut für veterinärmedizinische Betreuung niederer Wirbeltiere und Exoten, Schönhauser Straße 62, 13127 Berlin, Tel.: 0 30/51 06 77 01, www.exomed.de, info@exomed.de

Laboklin GmbH & Co.KG, Labor für klinische Diagnostik, Steubenstr. 4, 97688 Bad Kissingen, Tel.: 09 71/7 20 20, www.laboklin.de, info@laboklin.de

Reptilienlabor, Tierärztliches Speziallabor für die Untersuchung von Reptilienproben, c/o Kornelius Biron, Beethovenstr. 6, 40233 Düsseldorf, Tel.: 02 11/9 66 07 39, www.reptilienlabor.de

Chemisches und Veterinäruntersuchungsamt Ostwestfalen-Lippe (CVUA-OWL), Dr. Silvia Blahak, Westernfeldstr. 1, 32758 Detmold, Tel.: 0 52 31/91 19, https://cvua-owl.de, poststelle@cvua-owl.de

Österreich

Veterinärmedizinische Universität Wien, Institut für Biochemie, Prof. Dr. Franz Schwarzenberger, Veterinärplatz 1, A-1210 Wien, Tel.: +43 12 50 77 52 32, www.vetmeduni.ac.at

Schweiz

Institut für Tierpathologie der Uni Bern, Herr Horst Posthaus, Länggasstraße 122, CH-3012 Bern, Tel.: 00 41-3 16 31 23 92, /www.itpa.vetsuisse.unibe.ch

Zeitschriften

DRACO, REPTILIA, TERRARIA/elaphe, Natur und Tier - Verlag, An der Kleimannbrücke 39-41, 48157 Münster, Tel.: 02 51/13 33 90, Fax: 02 51/ 1 33 39 33, www.ms-verlag.de, verlag@ ms-verlag.de

elaphe/TERRARIA, Salamandra, Mitgliederzeitschriften der DGHT, Postfach 1421, 53351 Rheinbach, Tel: 0 22 25/ 70 33 33, Fax 0 22 25/ 70 33 38, www. dght.de, gs@dght.de

SAURIA, Terrariengemeinschaft Berlin e.V., c/o B. Bruno Treu, Gardes-du-Corps-Str. 12, 14059 Berlin, Tel.: 0 30/ 30 11 24 00, www.sauria.de, abo@sauria.de

Internet

www.cornsnakes.com
www.cornsnakes.net
www.cornutopia.com
www.dghtserver.de/foren/
www.farbvarianten.de
www.kornnatter.de

Glossar

Adaption: Anpassung eines Organismus an einen Umweltfaktor

adult: geschlechtsreif, erwachsen

aglyphe Zähne (Voll-Z.)**:** Diese Zähne besitzen keine Furchen oder Kanäle, um Gift zu leiten.

Akklimatisierung: Anpassung an mehrere veränderte Umweltbedingungen

Antibiotikum: Stoffwechselprodukt von Mikroorganismen, das in geringer Konzentration das Wachstum von Mikroorganismen hemmt oder diese abtötet

Apathie: Teilnahmslosigkeit

Areal: Siedlungs-, Verbreitungsgebiet von Tieren einer systematischen Kategorie

Art: Einteilungsstufe der Systematik; Gruppe von Individuen, die in allen wesentlichen erblichen und physiologischen Merkmalen übereinstimmen und fruchtbare Nachkommen hervorbringen

BArtSchV: Bundesartenschutzverordnung

Biotop: Lebensraum einer Lebensgemeinschaft von Pflanzen und Tieren

Dehydratation: Mangel an Körperwasser (Entwässerung, Exsikkose)

DNA (deutsch DNS)**:** Desoxyribonukleinsäure; Kettenmolekül, das Träger der Erbinformation der Organismen ist

dorsal: zur Rückenseite gehörig

Ektoparasit (Außenparasit)**:** auf der Oberfläche seines Wirtes lebender Parasit

Embryo: Begriff für das Entwicklungsstadium eines Keimlings bis zur Anlage der Organe; später Fetus

Endoparasit (Innenparasit)**:** innerhalb des Körpers lebender Parasit

Epidermis (Oberhaut)**:** oberste Hautschicht

Evolution: in der Stammensgeschichte Entwicklung der Organismen von primitiven zu hoch organisierten Formen

Exkremente: Ausscheidungen, Kot

Extremitäten: Gliedmaßen

Familie: Einteilungsstufe der Systematik, die meist mehrere Gattungen umfasst; kann bei vielen Gattungen in Unterfamilien aufgeteilt werden

fertil: fruchtbar

Gattung: Einteilungsstufe der Systematik, die meist mehrere Arten umfasst

genetisch: erblich bedingt

Gesamtlänge: Maß für die Länge eines Tieres vom Anfang der Schnauzenspitze bis zur Schwanzspitze

Geschlechtsdimorphismus: unterschiedliches Aussehen männlicher und weiblicher Individuen

Habitat: typischer Ort, an dem eine Art beheimatet ist

Hemipenis: Teil des paarigen Geschlechtsorgans (Penis) bei männlichen Echsen und Schlangen

Herpetofauna: Gesamtheit aller Amphibien- und Reptilienarten eines Gebiets

Herpetologie: Lehre von den Amphibien und Reptilien

Hibernation: Winterruhe

Hygrometer: Instrument zur Messung der Luftfeuchtigkeit

Inkubation: hier Bebrütung von Eiern unter kontrollierten Bedingungen

Inkubationszeit: hier Entwicklungszeit der Keimlinge von der Befruchtung bis zum Schlupf

Inkubator (Brutkasten)**:** Behälter mit kontrollierter Temperatur und Luftfeuchtigkeit zur technischen Zeitung von Eiern

Invertebrata: wirbellose Tiere

Iris: Regenbogenhaut des Auges

Jacobsonsches Organ: paariges Geruchssinnesorgan im Mundhöhlendach

juvenil: jugendlich, noch nicht geschlechtsreif

kannibalisch: Individuen der eigenen Art fressend

Klassifikation: siehe Systematik

Pantherophis guttatus

Kloake: gemeinsamer Endabschnitt des Darmkanals sowie der Harn- und Geschlechtsorgane

Kommentkampf: ritualisierter Kampf von Männchen, der sich gegen Artgenossen richtet und bei dem es kaum zu Verletzungen kommt

Kopulation: Begattung, Paarung

lateral: seitlich, an der Seite befindlich

Legenot: Unfähigkeit des Weibchens, innerhalb des normalen Zeitraums Eier abzusetzen, durch Erkrankung oder äußere Umstände bedingt

letal: tödlich

Lokalvariante: Tiere einer Art und einer bestimmten Herkunft, die sich durch besondere Merkmale gegenüber ihren Artgenossen auszeichnen

Ökologie: Lehre von den Beziehungen der Lebewesen zur Umwelt

ovipar: Eier legend

Pigment: Farbstoff

Population: Gruppe von Individuen einer Art innerhalb eines bestimmten Gebiets, die eine Fortpflanzungsgemeinschaft bildet

poikilotherm (wechselwarm): p. Tiere haben eine von der Umgebungstemperatur abhängige Körpertemperatur

Prolaps: Vorfall von Organen oder Organteilen durch natürliche oder künstliche Öffnungen des Körpers

Prophylaxe: Summe krankheitsverhütender, vorbeugender Maßnahmen

Quarantäne: räumliche Trennung bei Verdacht auf Ansteckungsgefahr

Reproduktion: Fortpflanzung, Vermehrung; im Gegensatz zur Zucht / Züchtung

Revier, Territorium: begrenztes Gebiet, das von einer bestimmten Tierart, einer Tiergruppe oder einem Einzeltier als eigenes betrachtet wird

Ritualkampf: siehe Kommentkampf

Schwanzlänge: Maß von der Kloake bis zum Schwanzende

Sekret: Absonderung aus Drüsen

semi-: (in Zusammensetzung) halb

semiadult: halb erwachsen

Squamata: Ordnung der Schuppenkriechtiere

steril: mikrobiologischer Zustand, bei dem lebende Mikroorganismen und Parasiten samt ihren Fortpflanzungsformen nicht nachzuweisen sind

Subspezies: siehe Unterart

Substrat: hier Material für den Bodengrund im Terrarium oder im Inkubationsbehälter

Systematik: Lehre von der Einordnung der Organismen nach natürlichen Verwandtschaftsverhältnissen

Taxonomie: Teilgebiet der Systematik, das sich mit der wissenschaftlichen Benennung (Nomenklatur) und der Klassifikation der Organismen befasst

temporär: zeitweise, vorübergehend

terrestrisch: auf der Erde, an Land lebend

Territorium: siehe Revier

Unterart: Einteilungsstufe der Systematik, die der Art nachgeordnet ist

UV-Licht: ultraviolettes Licht; für den Menschen unsichtbare Strahlung niedriger Wellenlänge, u. a. bei vielen Reptilienarten wichtig zur Bildung von Vitamin D_3

Vermiculit: aus Glimmerschiefer gewonnenes Material. V. verrottet nicht, hält gut Feuchtigkeit und ist keimarm. In der Terraristik werden hierauf Reptilieneier inkubiert.

Vertebrata: Wirbeltiere

viviovipar (Ei lebend gebärend): Keimling entwickelt sich im mütterlichen Organismus und ernährt sich vom Eidotter. Er schlüpft kurz vor dem Absetzen oder währenddessen aus den Eihüllen.

vivipar (lebend gebärend): Keimling wird vom mütterlichen Organismus ernährt

Zeitigung: siehe Inkubation

Literaturverzeichnis

Bundesministerium für Ernährung, Landwirtschaft und Forsten, Ref. Tierschutz (1997): Gutachten über Mindestanforderung an die Haltung von Reptilien. Bonn

BURBRINK, F. T. (2002): Phylogeographic analysis of the cornsnake (*Elaphe guttata*) complex as inferred from maximum likelihood and Bayesian analyses. Molecular Phylogenetics and Evolution 25 (3), S. 465-674

BURBRINK, F. & R. LAWSON (2007): How and when did Old World rat snakes disperse into the New World? Molecular Phylogenetics and Evolution 43, S. 173-189

COLLINS, J. & T. TAGGART (2008): An alternative classification of the new world rat snakes (genus pantherophis [reptilia: squamata: colubridae]). Journal of Kansas Herpetology 26 (2008), S. 16-18

MÜLLER, M. (1996): Handbuch ausgewählter Klimastationen der Erde. Hrsg. Prof. Dr. Gerold Richter, Forschungsstelle Bodenerosion Mertesdorf (Ruwertal). Universität Trier, 400 S.

PYRON, R. & F. BURBRINK (2009): Neogene diversification and taxonomic stability in the snake tribe Lampropeltini (Serpentes: Colubridae). Molecular Phylogenetics and Evolution 52 (2009), S. 524-529

REPTILE-DATABASE (2007): The New Reptile Database. URL: http://www.reptile-database.org

SCHMIDT, D. (2000): Kornnattern und Erdnattern. NTV-Verlag, Münster, 200 S.

SCHULZ, K. D. (1996): Eine Monographie der Schlangengattung *Elaphe* FITZINGER. Bushmaster Publications, Berg, 460 S.

TRUTNAU, L. (2002): Schlangen im Terrarium, Band 1: Ungiftige Schlangen. Ulmer Verlag, Stuttgart, 624 S.

UTIGER, U. et al. (2002): Molecular systematics and phylogeny of Old and New World ratsnakes, *Elaphe* auct., and related genera (*Reptilia, Squamata, Colubridae*). Russ. J. Herpetol. 9 (2), S. 105-124

P. guttatus der Variante **Miami**

Stichwortverzeichnis

Die fett gedruckten Seitenzahlen verweisenauf Abbildungen.

Stichwortverzeichnis

Pantherophis guttatus

Bildquellennachweis

Die abgebildeten Produktfotos wurden zur Verfügung gestellt von:
Dohse Aquaristik GmbH & Co. KG: S. 24, 25, 26, 27, 28 re.
Import Export Peter Hoch GmbH: S. 28 li. o.
JBL GmbH & Co. KG: S. 29
M&S Reptilien: S. 28 li. u.

Die abgebildeten Tierfotos wurden aufgenommen von:
Bohle, Daniel: S. 5, 8, 39, 43 o., 45, 50, 51, 55, 60, Cover
Drees, Stephan: S. 7, 47 o.
Drewes, Oliver: S. 22 o.

Glaß, Michael: S. 1, 6, 16, 20, 21, 22 u., 30, 31, 33, 35, 37, 40, 42, 44, 46, 47 u., 57
Moeller, Stefan: S. 10
Schmid, Andre: S. 18, 19, 43 u.
Soderberg, Don (USA): S. 9, 48

Die abgebildeten Tiere - nicht im Besitz des Fotografen - wurden aufgenommen bei:
Budick, Olfaf: S. 55
Döring, Daniel: 45, Cover
Reuss, Carlos: S. 5, 51 o.
Schneider, Jan: S. 8, 39
Wehde, Hendrik: S. 60
Woyack, Marcel: S. 50 u.

Danksagung

Unser größter Dank gilt allen Freunden und Bekannten aus dem Bildquellennachweis. Ohne deren tatkräftige Unterstützung, deren Fotos und bei ihnen fotografierten Tieren, wäre dieses Buch nie zu Stande gekommen. As well we want to thank Don Soderberg (USA) for his pictures, help and for sharing his knowledge with us. Bedanken möchten wir uns bei Helmut Vogelsang für die Zeichnungen und Carmen Dusold für den Entwurf der Zeichnung auf Seite 18. Für die kritische Durchsicht des Manuskripts der ersten Auflage danken wir Petra Sprang und für das Lektorat Dr. Dieter Schmidt. Für das Verlegen und sein Vertrauen in ein weiteres Kornnatternbuch und sogar in eine Neuauflage mit zwei getrennten Büchern danken wir Oliver Drewes vom VIVARIA Verlag. Ein Buch schreibt sich jedoch nicht ohne den nötigen Rückhalt in der Familie. Aus diesem Grund möchten wir unseren Familien dafür danken, dass sie uns immer den Rücken freigehalten, uns ermutigt und, wo immer sie konnten, unterstützt haben.

Michael Glaß

Daniel Bohle

Die Autoren

Prof. Dr.-Ing. Michael Glaß, geboren 1983 und aufgewachsen in Klingenthal/Vogtland, ist Professor für Informatik an der Universität Ulm. Nach vielen Jahren der Zucht von Kornnatterfarbvarianten und Neukaledonischen Riesengeckos hat sich sein Interesse von der Terraristik auf die Naturfotografie verlagert.

Daniel Bohle, geboren 1975, ist diplomierter Maschinenbauer und lebt in Berlin. Bereits 1986 bekam er seine erste Kornnatter und züchtete seit Ende der 1990er Jahre Farbvarianten. Heute beschäftigt er sich vor allem mit dem Schutz der heimischen Kreuzottern.

Michael Glaß und Daniel Bohle arbeiteten bereits als Autoren, Fotografen und Fachlektoren für verschiedene Verlage und teilen vor allem ihr Interesse an der Naturfotografie und der Feldherpetologie, welches sie in Form von zahlreichen gemeinsamen Exkursionen in das europäische Ausland ausleben.

FARB- UND ZEICHNUNGSVARIANTEN DER KORNNATTER
basiert auf dem vergriffenen Titel „Kornnattern und ihre Farb-
und Zeichnungsvarianten". Durch Auskopplung des Allgemein-
teils für dieses Buch und 56 gegenüber der Vorauflage gewon-
nene und zusätzliche Seiten, konnte es aktualisiert, textlich
überarbeitet und nahezu komplett neu bebildert werden. Insgesamt werden über 100 Zuchtformen im Text beschrieben
und über 200 Varianten mit 300 Fotos dargestellt.
Glaß, M / Bohle, D.: 160 S., 304 Abb.,
ISBN 978-3-9813176-6-4

DAS TROCKENTERRARIUM UND SEINE BEWOHNER beschreibt den je
nach Art der Einrichtung als Wüsten-, Steppen-, Savannen- und Felsterrarium
bezeichneten Terrarientyp und porträtiert die dafür beliebtesten Tierarten.
Drewes, O.: 96 S., 104 Abb., ISBN 978-3-9813176-0-2

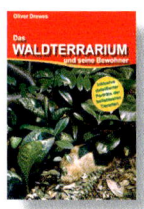

DAS WALDTERRARIUM UND SEINE BEWOHNER beschreibt den auch
als halbfeucht- oder halbtrocken bezeichneten Terrarientyp und porträtiert
die dafür beliebtesten Tierarten.
Drewes, O.: 96 S., 116 Abb., ISBN 978-3-9813176-1-9

DAS REGENWALDTERRARIUM UND SEINE BEWOHNER beschreibt
den auch als Feucht- oder Urwaldterrarium bezeichneten Terrarientyp und
porträtiert die dafür beliebtesten Tierarten.
Drewes, O.: 96 S., 115 Abb., ISBN 978-3-9813176-2-6

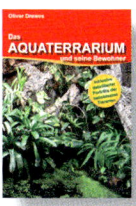

DAS AQUATERRARIUM UND SEINE BEWOHNER beschreibt den in
Sumpfterrarium (Paludarium) oder Uferterrarium (Riparium) unterschiede-
nen Terrarientyp und porträtiert die dafür beliebtesten Tierarten.
Drewes, O.: 96 S., 104 Abb., ISBN 978-3-9813176-3-3

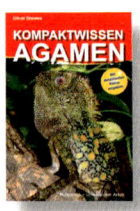

KOMPAKTWISSEN AGAMEN porträtiert ausführlich und großzügig bebildert, ergänzt durch einen umfangreichen Allgemeinteil über Pflege, Ernährung und Terrariengestaltung, die beliebtesten Agamenarten.
Drewes, O.: 288 S., 348 Abb., ISBN 978-3-9810412-5-5

DIE CHINESISCHE BERGAGAME stellt die beliebte Art *Japalura splendida* vor. Für herausragende Zuchterfolge wurde die Autorin 2004 mit dem Alfred-A.-Schmidt-Preis ausgezeichnet.
Laue, E.: 96 S., 48 Abb., ISBN 978-3-9810412-2-4

DIE BARTAGAME, ZWERGBARTAGAME & AUSTRALISCHE TAUBAGAME beschreibt die beliebten Arten *Pogona vitticeps* und *P. henrylawsoni* sowie die für kleine Terrarien interessanten *Tympanocryptis tetraporophora*.
Freynik, C / Drewes, O.: 80 S., 62 Abb., ISBN 978-3-9813176-4-0

DAS JEMENCHAMÄLEON vermittelt Grundlagen der Haltung sowie Basiswissen über Klimaansprüche, Pflege und Ernährung der beliebten Art *Chamaeleo calyptratus*.
Esser, S. / Drewes, O.: 80 S., 36 Abb., ISBN 978-3-9810412-8-6

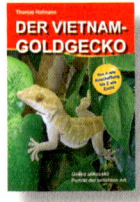

DER VIETNAM-GOLDGECKO befasst sich mit Haltung, Pflege, Ernährung und Zucht der in den letzten Jahren immer öfter angebotenen Art *Gekko badenii*, früher bezeichnet als *Gekko ulikovskii*.
Hofmann, T.: 64 S., 48 Abb., ISBN 978-3-9810412-9-3

DER LEOPARDGECKO UND SEINE FARBVARIANTEN befasst sich nach Haltungsgrundlagen vor allem mit der Zucht der zahlreichen Varianten nach Größe, Augenfarbe, Zeichnung, Körper- und Schwanzfarbe.
Duscha, D / Drewes, O.: 160 S., über 240 Abb., ISBN 978-3-9813176-8-8